石油储运基础知识

（第二版）

吴世逵 编

中国石化出版社
·北京·

内 容 提 要

本书内容包括五大模块：石油组成与性质、石油储罐、石油计量、石油储运与装卸、石油储运管理。重点介绍油罐的类型及构成、各种运输方式及装卸设施、石油计量、安全管理、质量管理、数量管理等石油储运基本知识，同时简单介绍了加油站管理知识。

本书可作从事石油储运、石油炼制、石油化工、石化商品销售等工作的一线劳动者和技术管理人员的培训教材和参考书，也可作石油院校的非储运工程专业学生的教材。

图书在版编目(CIP)数据

石油储运基础知识/吴世逵编.—2版.—北京：中国石化出版社,2022.1(2025.1重印)
ISBN 978-7-5114-6525-2

Ⅰ.①石… Ⅱ.①吴… Ⅲ.①石油与天然气储运-高等学校-教材 Ⅳ.①TE8

中国版本图书馆CIP数据核字(2022)第005730号

中国石化出版社出版发行

地址:北京市东城区安定门外大街58号
邮编:100011 电话:(010)57512500
发行部电话:(010)57512575
http://www.sinopec-press.com
E-mail:press@sinopec.com
北京艾普海德印刷有限公司印刷
全国各地新华书店经销

*

850毫米×1168毫米 32开本 7.25印张 185千字
2022年1月第2版 2025年1月第2次印刷
定价:30.00元

再版前言

本书自2006年出版以来，受到广大读者欢迎，多次重印，累计已发行近两万册。但是，随着我国石油化工行业的飞速发展，原书中关于石油储运状况表述、标准规范引用、数据信息引述已经与实际情况有较大差距。为适应行业发展的实际需要，也为了全面提高本书的质量，有必要对全书进行修订。本次修订，原书的体系、结构不变，保持原书的简明特色；重点对书中所引用的相关国家标准、行业标准、技术规范，更新为最新版本，并充实相关内容；更新本书所涉及的数据信息；订正原书的疏漏之处；吸收一些新的教研成果，更新相关内容。所引用的相关国家标准、行业标准、技术规范在书中已注明，参考文献中不再列出。

由于水平所限，书中难免还会出现缺点和错误，敬请读者批评指正。同时借此机会，向使用本书的广大读者，向给予我们关心、鼓励和帮助的同行、专家学者致以由衷的感谢。

吴世逵

2021年8月

第一版前言

石油储运是一门综合性工程学科，基础理论知识并不高深，掌握也不困难。但它涉及面广、实践性强，不同的企业和部门所涉及的储运任务及要求也各有区别。广义的石油储运包括原油、成品油、中间馏分、液化石油气、炼厂气以及天然气的储存和运输。在油田的原油和天然气的集输、储运，在炼厂的原油接卸、产品调合、输转、计量、储存、装卸，在产品的销售、调运、保管，在油库、管线、油码头的设计和管理等都属于石油储运范畴。

为满足社会对石油储运管理人才的需求，根据我校具体情况，石油化工专业、化学工程与工艺专业于2002年开设《油气储运技术与管理》课程。该课程的开设为毕业生从事石油储运等方面工作起到了积极作用。但在教学过程中发现，难以找到合适的教材，储运工程专业的教材偏重于工程、难度大，培训类教材又过于简单、偏重于操作。为满足《油气储运技术与管理》课程的教学要求，作者根据多年的教学和科研经验，于2005年编写了《石油储运》讲义，取得了较好的教学效果。在此基础上编写出版《石油储运基础知识》，突出实用性和基础性，较为系统而精练地介绍通用而基础的石油储运知识。

本书的读者对象主要是从事或将来从事石油储运、石油炼制、石油化工、石化商品销售等工作的一线劳动者、技术管理人员及相关专业的在校学生。所以，本书侧重于与炼油厂相关联的石油储运，储运对象包括原油及石油产品。书中内容包括石油组成与性质、石油储罐、石油计量、石油储运与装卸、石油储运管理等五大部分。

全书由中国石化集团茂名石化港口公司总工程师陈康富高级工程师审阅。本书编写过程中，得到了广东石油化工学院化学工程与工艺教研室全体同仁、茂名石化公司有关领导及技术人员的大力支持和帮助。作者对此谨致以衷心的感谢。

作为一名主要从事炼油技术科研与教学的工作者，祈望为石油储运事业尽点微薄之力，斗胆从技术应用角度编写本书。由于水平所限，书中难免存在不足甚至错误之处，敬请众多储运专业专家和广大读者批评指正。

吴世逵

2006 年 5 月

目　录

第一章 绪 论

第一节 石油储运的任务及意义

一、储运任务及意义

油气储运是指油和气的储存与运输。在石油工业内部它是连接产、运、销各环节的纽带，包括矿场油气集输及处理、油气的长距离运输、各转运枢纽的储存和装卸、终点分配油库(或配气站)的营销、炼油厂和石化厂的内部油气储运。石油常被比喻为工业的血液，石油储运就是遍布全身保证血液流动的血管。

石油储运所涉及的流程可描述为：油田原油开采→(管)运输(罐)储集→预处理(脱水、轻烃回收)→罐储→(管、船)远距离输送→中转站(油库)→炼油厂→产品罐储→(管、船、火车、汽车)运→中转站(油库)→加油站→销售、使用。

按石油的包装方式，石油储运可分为散装储运和整装储运。

散装储运：石油储存于固定安装的油罐内，油罐不参与石油运销；运输时，只有石油进行转移交易，其运载工具(油船、油罐车、管道等)不参与交易。石油储运周转量大，一般采用散装储运方式。

整装储运：油品灌装在小型容器(油桶、油听)内，容器与油品一起进行储存、运输、转移、交易。主要用于生产批量少、产品质量要求高的润滑油、润滑脂和某些特种油品。

我国炼化企业主要分布在东部沿海地区，原油来自国内和国外，用油分布全国各地。具有炼油相对集中、原油来源广和油品用户分散、分布不均的特点，对原油和油品的储运提出了更高的要求。

目前，我国有中国石油天然气集团有限公司、中国石油化工集团有限公司、中国海洋石油集团有限公司、中国中化控股有限责任公司四大石油石化央企，地方石油石化企业发展迅速，国外企业也加入油品终端市场的竞争，更显石油储运的重要性。

2019 年 12 月 9 日，国家石油天然气管网集团有限公司成立，其主要职责是负责全国油气干线管道、部分储气调峰设施的投资建设，负责干线管道互联互通及与社会管道联通，形成“全国一张网”，负责原油、成品油、天然气的管道输送，并统一负责全国油气干线管网运行调度，定期向社会公开剩余管输和储存能力，实现基础设施向所有符合条件的用户公平开放等。

本书主要介绍散装储运的有关基本知识，并侧重于与石油炼制过程相关的石油储运，储运对象包括原油及石油产品。

二、战略石油储备

石油储运除满足国民经济建设需要外，在全国乃至世界范围内，也是能源保障系统的重要一环，在保证国防安全和经济安全等方面也具有重要意义。为了国家的政治和经济利益，许多国家建立了原油储备库。美国于 20 世纪 70 年代就建立了 5.71 亿桶的战略原油储备库，迄今只在海湾战争时期动用过一次。

原油储备库的作用主要有两个：一是当供油地区发生政治动荡等事件导致无法正常供油，或运输通道出现事端无法通航时，国家储备库可作为应急之需来保持本国的政治和经济形势稳定（在动用储备原油时间段内，紧张的形势可能会得到缓解，也可寻找其他途径解决所需的原油）。二是世界油价上下波动极大，有储备库时可低价买进，油价上涨较高时可暂不买进甚至卖出，为国家谋取经济利益。

原油储备量的多少直接影响原油价格。因此，由中东的伊朗、伊拉克、科威特、沙特阿拉伯和阿拉伯联合酋长国，非洲的阿尔及利亚、利比亚、尼日利亚、安哥拉、刚果、赤道几内亚、加蓬，南美的委内瑞拉等13个主要产油国组成的石油输出国组织欧佩克（OPEC，Organization of Petroleum Exporting Countries），除了通过调节石油产销量来稳定原油价格外，还通过原油储备总量来稳定原油价格。世界商业原油储备总量的可用天数一般控制在52天以内。

目前，世界上进行战略石油储备的国家基本上都是经济发达或比较发达的欧美国家。国际能源机构要求其成员国建立起至少维持各自消费90天的战略储备量。美国、日本和德国的石油储备分别达到150天、160天和120天以上。

作为仅次于美国的世界第二大石油消费国，中国对石油的需求量正随着中国经济的快速增长而不断上升。2020年我国石油表观消耗量达到7亿吨，全年原油进口量达到5.42亿吨，原油对外依存度升至73%，加剧了我国能源保障安全压力[1]。一旦中东地区或马六甲海峡出现动荡以及国际原油价格出现大波动等，将给我国能源安全造成严重影响。

为保障国家能源供应安全，我国于2004年开始国家石油储备建设。2007年12月成立国家石油储备中心，负责国家石油储备基地建设和管理，承担战略石油储备收储、轮换和动用任务，同时监测国内外石油市场的供求变化。我国战略石油储备实际上是由政府（国家）储备和民间（石油企业）商用储备两部分构成。截至2020年，我国已建成舟山、舟山扩建、镇海、大连、黄岛、独山子、兰州、天津及黄岛国家石油储备洞库等国

家石油储备基地。2020 年初，我国国家石油储备能力已提升到 8500 万吨[2]。

第二节　油库的分类、分级及功能

凡是用于接收、储存和发放原油或石油产品的企业和单位都称为油库；同时，油库也指用以储存油料的专用设备。它是协调原油生产、原油加工、成品油供应及运输的纽带，是国家石油储备和供应的基地。它对促进国民经济发展、保障人民生活、国防安全都有特殊重要的意义。

一、油库的分类及分级

油库按其管理体制和经营性质可分为独立油库和附属油库。独立油库是指以专门接收、储存和发放油品的独立企业和单位；附属油库则是工业、交通或其他企业为了满足本身生产需要而设置的油库。商业和军事部门的大多数油库都属于独立油库，石油部门的油田原油库和炼油厂油库则属于附属油库(罐区)。

按照运输方式，油库分为水运油库、陆运油库和水陆联运油库。油库还可按照石油产品性质分为原油油库、成品油油库，轻油、润滑油、重油油库，综合油库。油库储油还需考虑石油的火灾危险性，一般按表 1-1 所列危险等级分库或分区储存。

表 1-1　石油的火灾危险性分级

闪点/℃	<28℃	28~45℃	45~60℃	60~120℃	>120℃
级别	甲级	乙级 A	乙级 B	丙级 A	丙级 B
油品举例	汽油、原油	煤油	柴油	燃料油	润滑油

石油库按其储油能力划分等级，按表 1-2 标准分为 6 个等级。

表 1-2 石油库的等级划分(GB 50074—2014)

等级	石油库总容量(TV)/m^3	等级	石油库总容量(TV)/m^3
特级	$1200000 \leqslant TV < 3600000$	三级	$10000 \leqslant TV < 30000$
一级	$100000 \leqslant TV < 1200000$	四级	$1000 \leqslant TV < 10000$
二级	$30000 \leqslant TV < 100000$	五级	$TV < 1000$

注:(1)表中 TV 不包括零位罐、中继罐和放空罐的容量。

(2)甲 A 类液体储罐容量、Ⅰ级和Ⅱ级毒性液体储罐容量应乘以系数 2 计入储罐计算总容量,丙 A 类液体储罐容量可乘以系数 0.5 计入储罐计算总容量,丙 B 类液体储罐容量可乘以系数 0.25 计入储罐计算总容量。

二、油库的功能及设施

油库的主要功能有:①油田用于积聚和中转原油;②油料销售部门用于供应消费流通领域;③企业用于保证生产;④储备部门用于战略或市场储备。

油库的主要设施是围绕油品的收发和储存来设置的。其中包括:装卸油栈桥或码头、输油管道、装卸油泵房、储油罐、罐桶间、火车和汽车装卸台等主要设施以及水、电、蒸汽、修洗桶等辅助设施。在油库经营中,除了保证油品能顺利而经济地收发外,还应特别注意安全,因为油料是易燃物品,管理不当或疏忽,将会带来不可弥补的损失,在油库设计、使用中要充分考虑这个问题。设计上要保持足够的安全距离,并有可靠的消防系统。

油库内的各项设施散发的油气量、火灾危险程度以及生产操作方式各不相同,而且差异较大,因此有必要按生产操作、火灾危险程度、经营管理特点将各项设施分区布置。将特殊的区域加以隔离,限制一定人员出入,有利于安全管理,并便于采取消防措施。一般按油库业务要求可分为储油区、装卸区、辅助生产区、行政管理区等四个区域。其中装卸区又可细分为铁路装卸区、水运装卸区和公路装卸区。为便于安全管理,生活区一般在库外,与油库分开布置。油库分区概况如图 1-1 所示。

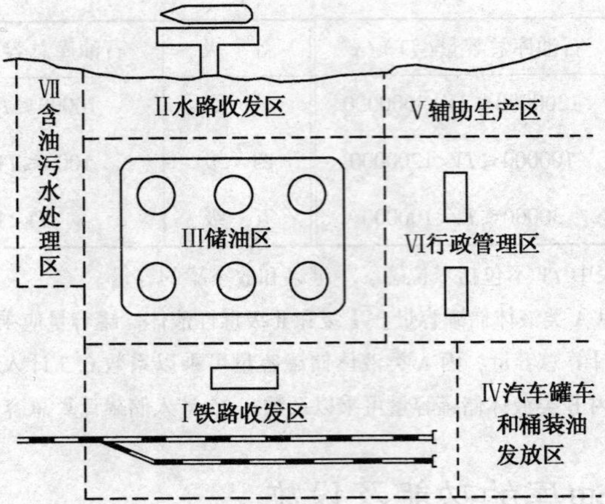

图 1-1　油库分区示意图

石油储运包括油库的储存、装卸收发以及各种方式的输送运转。石油储运的基本生产设备包括各种油罐、管线、阀门、装卸设施、各种运输工具等。

第二章　石油的组成和物理性质

第一节　石油的组成

一、石油的一般性状

石油是原油及其产品的总称，而原油是指从地下开采出来而未经加工的天然石油。原油是一种复杂的有机混合物，原油经过蒸馏(如图 2-1)可分离得到我们已认识的液化石油气、汽油、煤油、柴油、润滑油原料(可分离出石蜡)、燃料油(重油)、沥青(渣油)等石油产品。这些石油产品仍然是复杂的有机混合物，按顺序由轻变重、由无色向黄色直至黑色变化。原油是这些油品的总混合物，因此原油的外观类似重油，通常为黑色、褐色或黄色的流动或半流动的黏稠液体。因产地不同原油的性质也不同，分离出的各种油品的性质及含量也不尽相同。

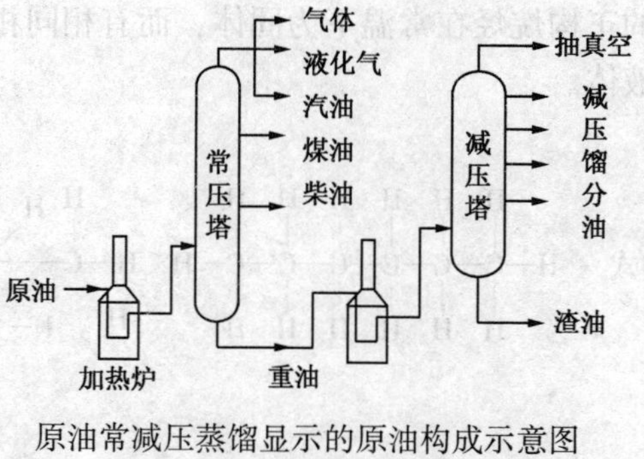

图 2-1　原油常减压蒸馏显示的原油构成示意图

二、石油的元素组成

世界上各种原油的性质虽然差别甚远，但基本上由碳、氢、硫、氮、氧五种元素所组成，其中碳、氢两种元素占 96%~99%，见表 2-1。

表 2-1　原油的元素组成

元　素	碳(C)	氢(H)	硫(S)、氮(N)、氧(O)
质量分数/%	83~87	11~14	1~4

三、石油的化合物组成

原油包含着碳原子数从 1 到 1000、相对分子质量从 16 到上万、常压沸点从常温一直到 600℃以上的各种有机物质，常温常压下各纯物质的状态有气体、液体、固体。从化学组成看，石油由烃类和非烃类两大类化合物组成。烃类化合物仅含有碳、氢两种元素，非烃类化合物含有碳、氢及其他元素。

(一) 石油中的烃类

石油中的烃类有烷烃、环烷烃、芳烃、烯烃(原油中不含烯烃)。

1. 烷烃

石油中的烷烃包括正构烷烃和异构烷烃，正构烷烃也称直链烃，异构烷烃直链上带有支链。因结构不同性质差距很大，如分子较大的正构烷烃在常温下为固体，而有相同相对分子质量的异构烃为液体。

结构式

简式

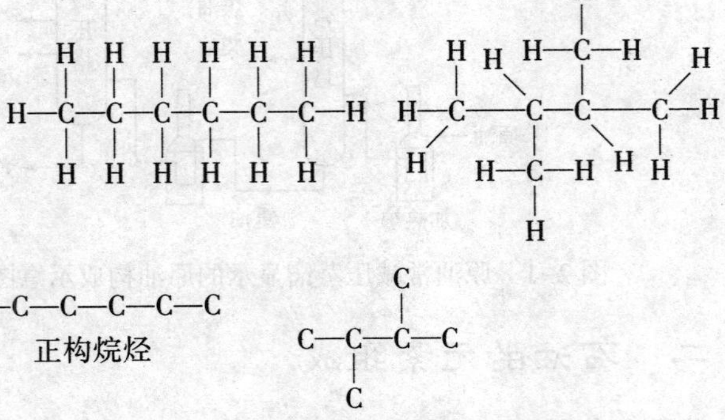

正构烷烃　　异构烷烃

2. 环烷烃

环烷烃是环状的饱和烃，石油中的环烷烃主要含五元环和六元环，含有少量单环、双环和多环，有的还含有芳香环。环烷烃大多含有长短不等的烷基侧链。

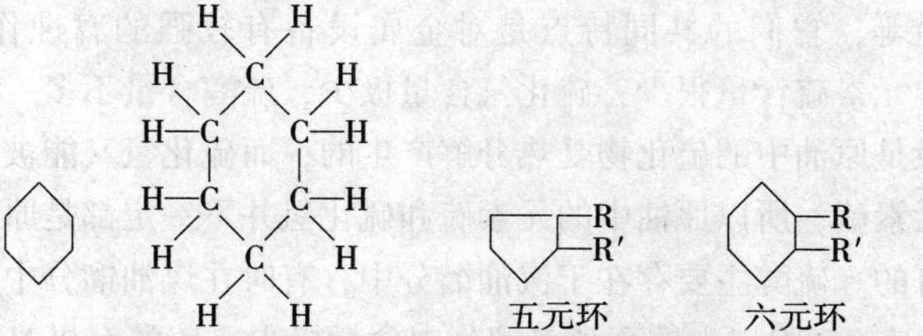

六元环烷烃　　五元环　　六元环

R，R′—烃基，例：CH_3CH_2—

3. 芳烃

芳烃是含有苯环结构的烃类，有单环、双环和多环，芳烃也大多含有长短不等的烷基侧链。有些多环芳烃具有荧光，这是有些油品能发出荧光的原因。

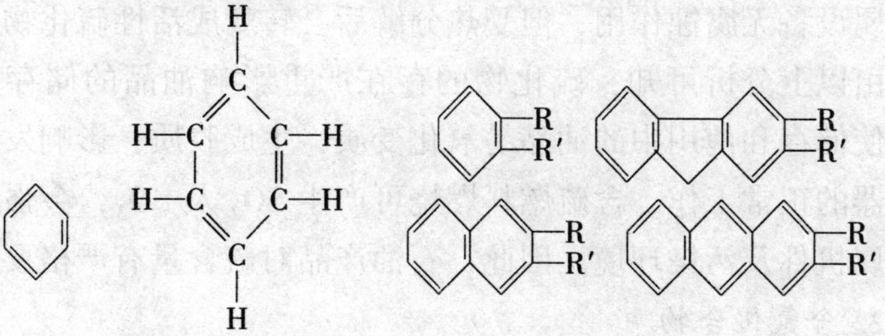

苯

石油中的烷烃、环烷烃、芳烃常常是互相包含，一个分子中往往同时含有芳香环、环烷环及烷基侧链。

(二) 石油中的非烃化合物

石油中硫、氮、氧等杂元素总量虽只占1%~4%，但其构成的非烃化合物在石油中的含量相当可观，高达10%~20%。非烃化合物对石油的加工、储运、油品性质影响很大。石油中的非烃化合物主要包括含硫、含氮、含氧化合物以及胶状沥青状物质。

1. 含硫化合物

石油中的含硫化合物可分为活性含硫化合物和非活性含硫化合物。

活性硫化物主要包括元素硫（S）、硫化氢（H_2S）、硫醇（RSH）等，它们的共同特点是对金属设备有较强的腐蚀作用。原油中元素硫含量很少，硫化氢含量极少，硫醇含量不多。硫化氢一般是原油中的硫化物受热分解产生的，而硫化氢又能被氧化生成元素硫，所以原油中的元素硫和硫化氢并不一定都是原油本来就有的。硫醇主要存在于汽油馏分中，有时在煤油馏分中也能发现，在350℃以上的高沸点馏分中含量极少。硫醇有极难闻的特殊臭味，特别是甲硫醇（CH_3SH）、乙硫醇（CH_3CH_2SH）等低分子硫醇。空气中甲硫醇浓度达到$2.2\times10^{-12}g/m^3$时，人的嗅觉就可以感觉到，因此硫醇可作液化气的防漏警示剂。

非活性硫化物主要包括硫醚（RSR′）和二硫化物（RSSR′）等，对金属设备无腐蚀作用，但受热分解后会转变成活性硫化物。

由以上分析可知，硫化物的存在严重影响油品的储存安定性，使储存和使用中的油品易氧化变质，生成胶质，影响发动机或机器的正常工作。含硫燃料燃烧可产生SO_2及SO_3，会强烈腐蚀金属机件及污染环境。因此，石油产品对硫含量有严格要求。

2. 含氮化合物

石油中的氮化合物可分为碱性含氮化合物和非碱性含氮化合物两大类。碱性含氮化合物是指在冰醋酸和苯的样品溶液中能够被高氯酸-冰醋酸滴定的含氮化合物，不能被高氯酸-冰醋酸滴定的含氮化合物是非碱性含氮化合物。

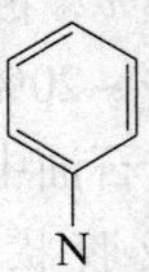
吡啶

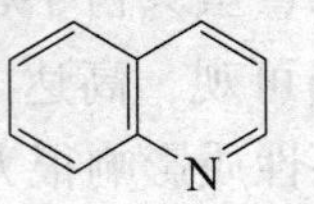
喹啉

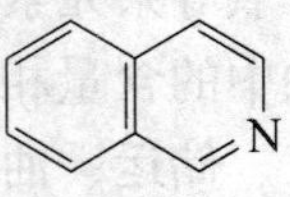
异喹啉

$R—NH_2$
胺

石油中的非碱性含氮化合物性质不稳定，易被氧化和聚合生成胶质，是导致石油二次加工油品颜色变深和产生沉淀的主要原因。

3. 含氧化合物

石油中的含氧化合物包括酸性含氧化合物和中性含氧化合物，以酸性含氧化合物为主。酸性含氧化合物包括环烷酸、芳香酸、脂肪酸和酚类等，总称为石油酸。中性含氧化合物包括酮、醛和酯类等。石油酸主要是环烷酸，脂肪酸等含量很少。环烷酸约占石油酸性含氧化合物的90%左右。

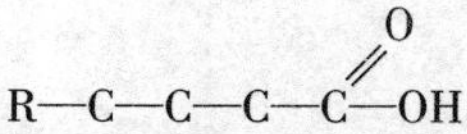

脂肪酸
R—烃基

苯酚

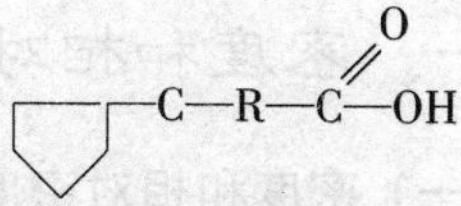

环烷酸
R—烃基

环烷酸呈弱酸性，容易与碱反应生成各种盐类。环烷酸可与很多金属作用而腐蚀设备，低分子环烷酸因酸性较强而对设备的腐蚀性更强，特别是在酸值较大、有水存在和较高的温度下，对设备腐蚀更严重。环烷酸与金属作用生成的环烷酸盐留在油品中还将促进油品氧化。

4. 胶状-沥青状物质

胶状-沥青状物质是结构复杂、组成不明的高分子化合物的复杂混合物。原油中的大部分硫、氮、氧以及绝大多数金属均集中在胶状-沥青状物质中。胶状-沥青状物质为原油中的最重组分，大量存在于减压渣油中。原油、重油、渣油、沥青的颜色主要是由胶状-沥青状物质所决定。

胶质通常为褐色至暗褐色的黏稠且流动性很差的液体或无定形固体，受热时熔融。胶质具有很强的着色能力，油品的颜色主要是由于胶质的存在而造成的，在无色汽油中只要加入质量分数0.005%的胶质，就可将汽油染成草黄色。

第二节　石油及其产品的物理性质

石油是复杂的混合物，其物理性质是组成它的各种化合物物理性质的综合表现。在石油的生产及储运过程中，物理性质是石油产品质量控制和保证的重要指标。因许多物理性质不具备可加性，所以石油及其产品的物理性质是采用规定的、条件性的试验方法来测定。离开专门的仪器和规定的试验条件，所测油品性质数据没有可比性，也就毫无意义。

一、密度和相对密度

(一) 密度和相对密度

密度是单位体积物质在真空中所具有的质量，单位为 g/cm^3 或 kg/m^3。一定质量的体积随温度变化而变化，所以密度应标明温度，通常用 ρ_t 表示温度 t℃时油品的密度。我国规定 20℃时，密度 ρ_{20}作为石油的标准密度。

液体石油产品的相对密度是其密度与规定温度下水的密度之比。通常以 4℃水为基准，油品在 t℃时相对密度表示为 d_4^t。因为水在 4℃时的密度等于 $1g/cm^3$，所以 d_4^t 与 ρ_t(以 g/cm^3 为单位)数值相等，但意义不同。

我国及东欧各国常用的相对密度是 d_4^{20}。欧美各国常用的相对密度是 $d_{60℉}^{60℉}$($d_{15.6}^{15.6}$)，即 60℉油品的密度与 60℉水的密度之比。d_4^{20} 与 $d_{15.6}^{15.6}$之间可利用表 2-2，并根据式(2-1)进行换算。

$$d_4^{20} = d_{15.6}^{15.6} - \Delta d \qquad (2-1)$$

式中，Δd 为油品相对密度校正值。

表 2-2　$d_{15.6}^{15.6}$与 d_4^{20} 换算表

$d_{15.6}^{15.6}$或 d_4^{20}	Δd	$d_{15.6}^{15.6}$或 d_4^{20}	Δd	$d_{15.6}^{15.6}$或 d_4^{20}	Δd
0.700~0.710	0.0051	0.780~0.800	0.0046	0.870~0.890	0.0041
0.710~0.730	0.0050	0.800~0.820	0.0045	0.890~0.910	0.0040
0.730~0.750	0.0049	0.820~0.840	0.0044	0.910~0.920	0.0039
0.750~0.770	0.0048	0.840~0.850	0.0043	0.920~0.940	0.0038
0.770~0.780	0.0047	0.850~0.870	0.0042	0.940~0.950	0.0037

美国石油协会还常用相对密度指数(°API)来表示油品的相对密度，它与 $d_{15.6}^{15.6}$的关系为：

$$相对密度指数(°API) = \frac{141.5}{d_{15.6}^{15.6}} - 131.5 \qquad (2-2)$$

相对密度指数与相对密度成反比，相对密度越大，相对密度指数越小。

在炼厂工艺设计和生产、油品储运、产品计量等方面都经常用到相对密度。

(二) 液体油品相对密度与温度的关系

温度升高油品受热膨胀，体积增大，密度和相对密度减小。在 0~50℃温度范围内，不同温度(t℃)下的油品相对密度可按式(2-3)换算。

$$d_4^t = d_4^{20} - \gamma(t - 20) \qquad (2-3)$$

式中，γ 为油品体积膨胀系数或相对密度的平均温度校正系数，即温度改变 1℃时油品相对密度的变化值。γ 可由表 2-3 查得。

表 2-3　油品相对密度的平均温度校正系数

d_4^{20}	γ/℃$^{-1}$	d_4^{20}	γ/℃$^{-1}$	d_4^{20}	γ/℃$^{-1}$
0.7000~0.7099	0.000897	0.8000~0.8099	0.000765	0.9000~0.9099	0.000633
0.7100~0.7199	0.000884	0.8100~0.8199	0.000752	0.9100~0.9199	0.000620
0.7200~0.7299	0.000870	0.8200~0.8299	0.000738	0.9200~0.9299	0.000607
0.7300~0.7399	0.000857	0.8300~0.8399	0.000725	0.9300~0.9399	0.000594
0.7400~0.7499	0.000844	0.8400~0.8499	0.000712	0.9400~0.9499	0.000581
0.7500~0.7599	0.000831	0.8500~0.8599	0.000699	0.9500~0.9599	0.000568
0.7600~0.7699	0.000813	0.8600~0.8699	0.000686	0.9600~0.9699	0.000555
0.7700~0.7799	0.000805	0.8700~0.8799	0.000673	0.9700~0.9799	0.000542
0.7800~0.7899	0.000792	0.8800~0.8899	0.000660	0.9800~0.9899	0.000529
0.7900~0.7999	0.000778	0.8900~0.8999	0.000647	0.9900~1.0000	0.000518

(三) 混合物的相对密度和密度

1. 油品混合物的相对密度

属性相近的油品混合(调合)时，混合油品的相对密度可近似地按可加性进行计算。

$$d_{混} = \sum_{i=1}^{n} v_i\rho_i = \frac{1}{\sum_{i=1}^{n} \frac{w_i}{\rho_i}} \qquad (2-4)$$

式中 v_i，w_i——组分 i 的体积分率和质量分率；

ρ_i，$\rho_{混}$——组分 i 和混合油品的密度，kg/m^3。

2. 气液混合物的密度

在输送过程中，石油有时处于气液混合状态。如果已知气相和液相的质量流率及密度，或已知油品汽化率和气、液相密度，则可按下式计算气液混合物的密度。

$$\rho_{混} = \frac{G_{混}}{V_{汽}+V_{液}} = \frac{G_{混}}{\frac{G_{汽}}{\rho_{汽}}+\frac{G_{液}}{\rho_{液}}} \qquad (2-5)$$

式中 $\rho_{混}$——气、液混合物的密度，kg/m^3；

$\rho_{汽}$，$\rho_{液}$——分别为气相和液相的密度，kg/m^3；

$G_{混}$——气、液混合物的质量流率，kg/h；

$G_{汽}$，$G_{液}$——分别为气相和液相质量流率，kg/h；

$V_{汽}$，$V_{液}$——分别为气相和液相体积流率，m^3/h。

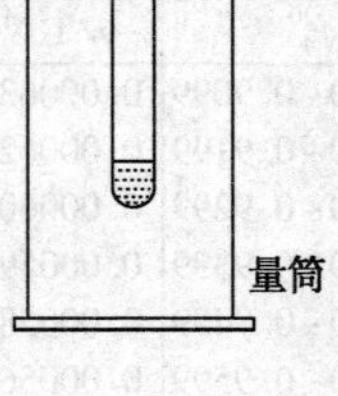

图 2-2 密度计测密度

石油密度主要用密度计测定，如图 2-2。将液体石油注入量筒，选用合适的密度计轻轻浸入量筒的液体中，待稳定后读取与液面相切的密度计刻度，读数即为石油的表观密度。用温度计同时测定液体温度。

二、蒸气压

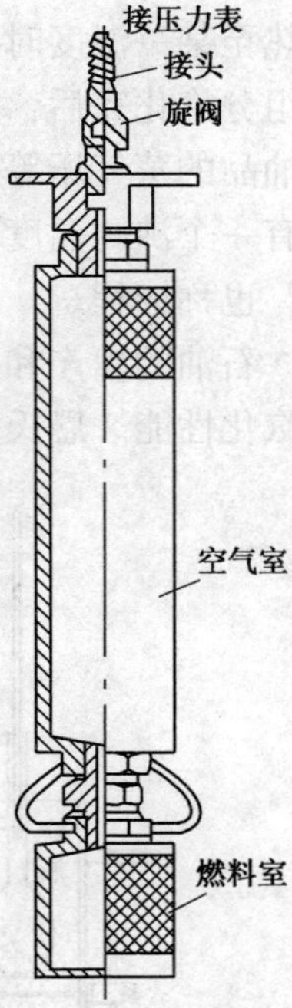

图 2-3 雷德蒸气压测定器

在一定温度下，液体与其液面上的蒸气呈平衡状态时，蒸气所产生的压力称为饱和蒸气压，简称蒸气压。蒸气压表示液体在一定温度下蒸发和汽化的能力，蒸气压高的液体容易汽化。蒸气压是石油加工、储运和设备设计的重要基础物性数据，也是某些轻质油品的质量指标。

混合物蒸气压是温度和组成的函数。同一油品的蒸气压随温度的提高而增大；相同温度时，油品越轻，越易挥发，其蒸气压越大。一般采用雷德蒸气压评价汽油的使用性能。

雷德蒸气压测定器如图 2-3 所示。用 GB/T 8017—2012 标准方法测定蒸气压时，将冷却的试样充入蒸气压测定器的燃料室，并将燃料室与空气室相连接(燃料室与空气室的体积比为 1∶4)。将该测定器浸入恒温浴(37.8℃±0.1℃)中，定期振荡，直到安装在测定器上压力表的压力读数稳定，此时的压力表读数经修正后，即为雷德蒸气压。

三、恩氏蒸馏及馏程

当液体的饱和蒸气压与外界压力相等时，液体表面和内部同时出现汽化现象(立体汽化的沸腾)，此时液体温度称为该物质在此压力下的沸点。如不加说明，物质的沸点一般都是指其在常压下的沸点，也称正常沸点。

对于某一纯物质，在一定外压下有其恒定的沸点。如水在常压下的沸点为 100℃，从开始沸腾到接近煮干，水的温度都是

100℃。因石油是由许多沸点不同的各种物质(组分)组成，石油受热至某一温度时，轻组分的蒸气压等于外压，石油开始沸腾，轻组分汽化完后，液相组分变重，为使继续沸腾就必须提高温度使油品的蒸气压等于外压。所以，石油的沸点不再是恒定的，而是有一个沸腾温度范围。在外压一定时，石油的沸点范围称为沸程，也称馏程。

石油的生产和使用过程常用恩氏馏程来表征石油产品的蒸发和汽化性能。恩氏蒸馏装置如图 2-4 所示。

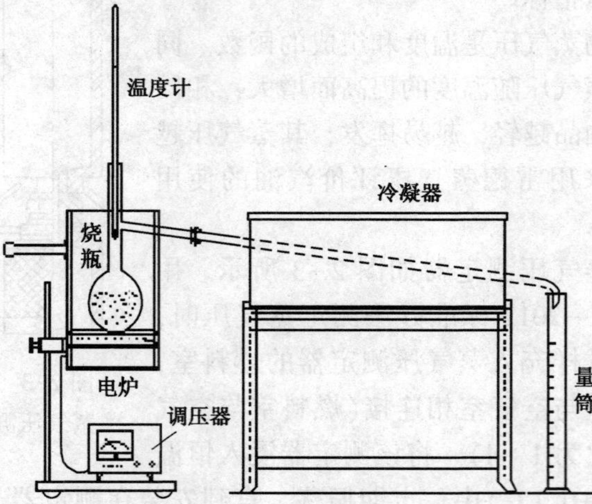

图 2-4　恩氏蒸馏装置图

按 GB/T 6536—2010《石油产品常压蒸馏特性测定法》进行恩氏蒸馏时其测定过程如下：将 100mL(20℃以下)试样置于烧瓶中，在规定的试验条件下，控制不同的蒸馏操作升温速度。当冷凝管流出第一滴冷凝液时的气相温度称为初馏点。继续加热，温度逐渐升高，组分由轻到重逐渐馏出，依次记录馏出液为 10mL、30mL 直至 90mL 时对应的气相温度，分别称之为 10%、30%、…、90%馏出温度，也简称为 10%点、30%点、…、90%点。蒸馏过程中气相温度升高到一定数值，不再上升而开始回落，这个最高的气相温度称为终馏点。蒸馏烧瓶底部最后一滴液体汽化的瞬间所测得的气相温度称为干点(多用于汽油)。

从初馏点到终馏点这一温度范围，叫作馏程。而在某一温度范围内蒸馏出的馏出物(部分)，称为馏分。温度范围窄的称为窄馏分，温度范围宽的称为宽馏分，低温范围的称为轻馏分，高温范围的称为重馏分。馏分还是一个混合物，只不过包含的组分数目少一些。

四、黏度

当流体在外力作用下流动时，相邻两层流体分子间存在的内摩擦力将阻滞流体的流动，这种特性称为流体的黏性，衡量黏性大小的物理量称为黏度。黏度值用来表示流体流动时分子间摩擦产生阻力的大小。黏度是评定石油流动性的重要指标。在石油流动及输送过程中，黏度对流量、压降等参数影响很大，因此黏度也是工艺计算中重要的物性参数。

(一) 黏度的表示方法

黏度的表示方法有动力黏度、运动黏度以及恩氏黏度、赛氏黏度、雷氏黏度等。

1. 动力黏度

动力黏度又称绝对黏度，由牛顿方程式(2-6)所定义：

$$F = \mu S \frac{d\nu}{dx} \tag{2-6}$$

式中 F——相邻两层流体做相对运动时产生的内摩擦力(剪切力)，N；

S——相邻两层流体的接触面积，m^2；

$d\nu$——相邻两层流体的相对运动速度，m/s；

dx——相邻两层流体的距离，m；

μ——流体内摩擦系数，即该流体的动力黏度，Pa · s。

动力黏度不随剪切速度梯度 $d\nu/dx$ 变化的流体称为牛顿型流体。大多数石油在浊点以上时都是牛顿型流体，有蜡析出的油品、加入高分子聚合物添加剂的稠化油、含沥青质较多的重质燃料油等是非牛顿型流体。非牛顿型流体的动力黏度随 dv/dx 变化，不符合式(2-6)的规律。

动力黏度的物理意义是：两液体层垂直相距 1m，其面积各为 $1m^2$，以 1m/s 相对速度运动时所产生的内摩擦力。

有些图表或手册中常用 P(泊)或 cP(厘泊)来表示动力黏度，1P = 100cP = 0.1Pa·s。

2. 运动黏度

运动黏度是动力黏度与同温度、同压力下该液体的密度之比。

$$\nu_t = \frac{\mu_t}{\rho_t} \qquad (2-7)$$

式中 ν_t——运动黏度，m^2/s；

μ_t——动力黏度，Pa·s；

ρ_t——t℃时液体的密度，kg/m^3。

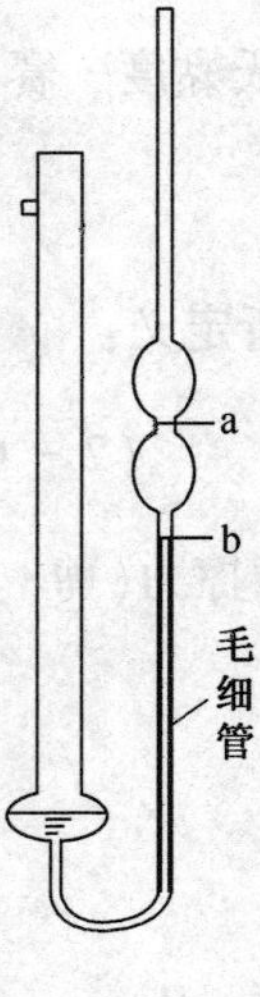

图 2-5 毛细管黏度计

实际生产及工艺计算中常以 mm^2/s 作为油品质量指标中的运动黏度单位，$1m^2/s = 10^6mm^2/s$。有些图表或手册中常用 St(斯)或 cSt(厘斯)来表示运动黏度，$1St = 100cSt = 100mm^2/s$。

液体石油产品运动黏度的测定按 GB/T 265—1988《石油产品运动黏度测定法和动力黏度计算法》标准试验方法进行，主要仪器是玻璃毛细管黏度计(如图 2-5)。油品的运动黏度与一定体积的该油品流经毛细管的时间成正比：

$$\nu_t = c\tau \qquad (2-8)$$

式中 c——黏度计常数，m^2/s^2；

τ——一定体积的流体在某温度下流过毛细管(液面从 a 至 b)所需的时间，s。

毛细管黏度计只能用来测定牛顿型体系的油品黏度。每支毛细管黏度计均有特定的黏度常数，它与黏度计的几何形状有关，需用已知黏度的标准油样加以标定。对于非牛顿型体系的流体，由于其黏度是剪切速率的函数，不能用毛细管黏度计，需用旋转式黏度计来测量。

（二）油品黏度与温度的关系

温度升高时液体分子间距离增大，分子间引力相对减弱，所以液体的黏度随温度的升高而减小。因此，黏度数据必须同时标明温度。黏度随温度变化的性质称为黏温特性。黏温特性是衡量润滑油产品性质的重要质量指标。黏温特性对石油储运也具有重要意义。

石油黏度与温度的关系一般用以下经验式关联：

$$\lg\lg(\nu_t + a) = b + m\lg T \tag{2-9}$$

式中 ν_t——石油的运动黏度，mm^2/s；

T——石油的绝对温度，K；

a，b，m——与石油性质有关的经验常数。国外石油常取 $a=0.8$，我国石油取 $a=0.6$ 较为适宜。

根据式(2-9)，若已知某油品在两个不同温度下的黏度，即可算出 b 和 m，从而可计算该油品任意温度下的黏度。

五、低温流动性

C_{16}以上的正构烷烃以及某些大相对分子质量的异构烷烃、环烷烃、芳烃，一般多以溶解状态存在于石油中，当温度降低时就会有一部分结晶析出，称之为蜡。按其结晶形状及来源不同，蜡又分为石蜡和微晶蜡。石蜡晶形较大并呈板状，主要由分布于馏分油中的正构烷烃组成；微晶蜡晶形呈细微状，主要由分布于减压渣油中的环状烃组成，也称地蜡。

随着温度降低，溶解于油中的蜡析出、石油黏度增大，致使石油流动阻力增大，严重时不能流动。因此，石油在低温时的流动性对其输送及使用影响很大。

石油在低温下失去流动性的原因有两个方面。一是构造凝固：因温度降低，蜡逐渐结晶析出，蜡晶体互相连接形成网状骨架，将液体状态的石油包在其中，使石油失去流动性。二是黏温凝固：因温度降低黏度增加，最后因黏度过高而失去流动性。

油品并不是在失去流动性的温度下才不能使用，在失去流动性之前析出的结晶，就会妨碍发动机的正常工作，也使牛顿流体变为非牛顿流体而影响石油的输送。

按标准方法使石油降温可测定一系列评定其低温流动性能的指标。

浊点：开始出现微石蜡结晶或冰晶而使油品变浑浊时的最高温度。

结晶点：出现肉眼观察到的结晶时的最高温度。

冰点：出现结晶后，再使其升温至所形成的结晶消失时的最低温度。

凝点：石油失去流动性的最高温度。

倾点：油品能够流动的最低温度。

处于凝点时的石油并非真正凝固，蜡晶网络结构被破坏后，石油仍可流动。因此原油可在低于凝点附近温度进行管道输送。

六、燃烧性能

石油是易燃物，有些是易爆物。因此掌握与着火、爆炸有关的闪点、燃点和自燃点等燃烧性质，对石油的加工、储存、运输和应用的安全有着极其重要的意义。

1. 爆炸极限

油气发生爆炸是瞬间完成的、可产生巨大冲击波的气体燃烧，其必要条件是混合气中油气浓度在一定范围内。这一浓度范围称为爆炸极限，最低油气浓度称为爆炸下限，最高浓度称为爆炸上限。低于下限时因油气不够而不会爆炸；高于上限时因空气不足也不能发生爆炸。

2. 闪点和燃点

闪点是石油等可燃性物质的蒸气与空气形成混合物，在有火焰接近时，能发生闪火的最低温度。

测定石油的闪点，通常是达到爆炸下限的温度，闪火是微小的爆炸。石油的闪点与其蒸气压相一致，蒸气压越大、越易汽化的石油，越易达到爆炸极限，其闪点越低。重馏分中混有极少量轻馏分时，可使闪点显著降低。例如原油，由于有汽油馏分，所以闪点很低，在原油储运过程应加以注意。

测定油品闪点的方法有两种：一为闭杯闪点，油品蒸发在密闭的容器中进行，对于轻质石油产品和重质石油产品都能测定。另一为开杯闪点(如图 2-6)，油品蒸发在敞开的容器中进行，一般用于测定润滑油和残油等重质油品的闪点。测定油品开杯闪点时，油品蒸发速度必须大于油蒸气的自由扩散速度，杯面上油蒸气才可能达到闪火的浓度范围，所以同一油品的开杯闪点值比闭杯闪点值高。重质油品若混入少量轻质油品，其闭杯闪点会大大降低，但开杯闪点基本不变。因此，可通过同时测定油品的闭杯闪点、开杯闪点来判断重质油品是否混入少量轻质油品。

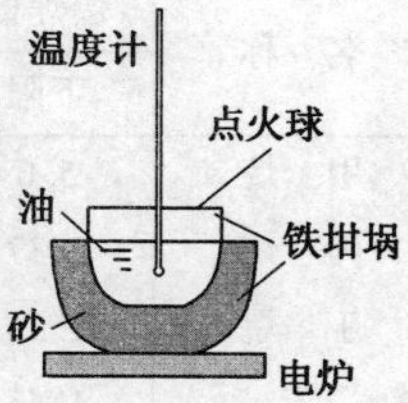

图 2-6　开杯闪点测定仪

测定油品开杯闪点后，继续加热提高温度，当到达某一油温后，闪火可生成持续燃烧的火焰。油品持续燃烧不少于 5s 的最低油温称为燃点。

3. 自燃点

测定闪点和燃点需要从外部引火。如果将油品隔绝空气加热到一定的温度，然后使之与空气接触，而无须引火油品即可自行燃烧，这就是油品的自燃。发生自燃的最低油温，称为自燃点。

闪点、燃点与油品的汽化性有关，自燃点与油品的氧化性有关。轻馏分分子小、沸点低、易蒸发，所以馏分越轻其闪点和燃点就越低。馏分越轻越难氧化，越重越易氧化，所以轻馏分自燃点比重馏分的高。

烷烃比芳香烃容易氧化，所以烷烃的自燃点比芳香烃低，环烷烃介于两者之间。含烷烃多的油品自燃点较低，含芳烃多的油品自燃点较高。

某些可燃气体及油品与空气混合时的爆炸界限及闪点、燃点、自燃点数据见表2-4。

表2-4 某些可燃气体及油品与空气混合时的爆炸极限、闪点、燃点和自燃点

名称	爆炸极限/%(v/v)		闪点/℃	燃点/℃	自燃点/℃
	下限	上限			
甲烷	5.0	15.0	<-66.7	650~750	645
丙烷	2.37	9.50	<-66.7	481~580	510
丁烷	1.36	8.41	<-60(闭)	441~550	490
苯	1.41	6.75	—	—	580
甲苯	1.27	6.75	—	—	550
汽油	1	6	<28	—	510~530
灯用煤油	1.4	7.5	28~45	—	380~425
轻柴油	—	—	45~120	—	
重柴油	—	—	>120	—	300~330
润滑油	—	—	>120	—	300~380
减压渣油	—	—	>120	—	230~240
石油沥青	—	—	—	—	230~240
石蜡	—	—	—	—	310~432
原油	—	—	-6.7~32.2	—	~350

在石油加工装置中，重质油品的温度较高，往往超过了自燃点，泄漏出来会很快自燃。所以，轻质油品和重质油品都有发生火灾的危险，都要注意安全生产。

七、其他物理性质

1. 水在油品中的溶解度

水在油品中的溶解度很小，但对油品的使用性能影响很大。油品与大气接触，会吸收溶解一部分水分。水在油品中的溶解度随温度而变化，当温度降低时溶解度变小，溶解的水就析出一部分，成为游离水而沉降在容器底部。油品储运过程中由于温度日夜变化，导致油罐底部积存的游离水日益增多。微量的游离水存在于油品中，使油品储存安定性变坏，引起设备腐蚀，对油品的低温性能(如喷气燃料的结晶点)产生负面影响。润滑油含水还会造成乳化，降低润滑效果。

2. 电性质

纯净的石油是非极性介质，呈电中性，不带电、不导电，电阻很大，是很好的绝缘体。如变压器油是变压器和油开关等电器中很好的绝缘介质。但石油产品不可避免地含有某些杂质，杂质含量以及杂质分子极性强弱影响着油品导电性的大小。

石油产品由于搅拌、沉降、过滤、摇晃、冲击、喷射、飞溅、发泡以及泵送等相对运动，会产生电荷。如果油品含杂质较多，导电性好，就能把电荷及时带走。如果油品较纯净，设备、管线、容器等的接地不好，电荷就会积聚。这种积聚在油品中的电荷称为静电。在一定的条件下，油品会产生放电现象，产生电火花，从而引起油品的燃烧和爆炸。据统计，石油的火灾爆炸事故约有10%属于静电事故。因此，在生产中要重视静电的危害，做好设备、管线、容器等的接地，使电荷及时导入地下，确保生产和储运的安全。

八、石油物性与馏分组成和化学组成的关系

石油的物理性质与其组分的分子大小及化学结构有关。表2-5为不同馏分(分子大小)主要物性变化趋势，表2-6归纳了碳原子数相同的各族烃类的物理性质变化趋势。

表2-5 某原油及其馏分的部分物性的典型数据

原油及其馏分	原　油	汽　油	煤油馏分	轻柴油	减压馏分	减压渣油
馏程/℃	20~>600	30~200	150~280	170~370	350~500	>500
相对密度(d_4^{20})	0.8~1.0	0.74~0.77	0.78~0.83	0.82~0.87	0.85~0.94	0.92~1.00
H/C(原子比)	1.9	2.2	2.0	1.9	1.8	1.6
颜　色	褐色至黑色	无色	无色	淡黄	黄	黑色

表 2-6 碳原子数相同的各族烃类的物理性质变化趋势

化学结构	胶质沥青质、稠环芳烃、芳香烃、环烷烃、异构烷烃、正构烷烃	环数增多	直链增长
相对密度	依次变小	增大	减小
凝点	依次升高	降低	升高
黏度	依次变小	增大	减小
黏温特性	依次变好	变差	变好
自燃点	依次降低	升高	降低
吸水性	依次降低	升高	降低

第三节 石油产品的分类

一、石油产品总分类

石油产品种类繁多、用途各异。为了与国际标准相一致，我国参照国际标准化组织 ISO 8681 标准，制定了 GB/T 498—2014 标准体系，将石油产品分为燃料(F)、溶剂和化工原料(S)、润滑剂(L)、蜡(W)、沥青(B)五大类。

二、石油燃料分类

石油燃料占石油产品总量的 90%以上，其中以汽油、柴油等发动机燃料为主。GB/T 12692. 1—2010《石油产品燃料(F 类)分类 第 1 部分：总则》将燃料分为五组，详见表 2-7。

表 2-7 石油燃料分类

组别	燃料类型	各类别含义
G	气体燃料	主要由来源于石油的甲烷和/或乙烷组成的气体燃料
L	液化石油气	主要由 C_3 和 C_4 烷烃或烯烃或其混合物组成，并且更高碳原子数物质的液体体积小于 5%的气体燃料
D	馏分燃料	由原油加工或石油气分离所得的主要来源于石油的液体燃料，包括汽油、煤油、柴油以及含有少量蒸馏残油的重质馏分油(锅炉燃料)
R	残渣燃料	含有来源于石油加工残渣的液体燃料
C	石油焦	由原油或原料油深度加工所得，主要由碳组成的来源于石油的固体燃料

根据发动机工作原理的不同又将馏分燃料(D组)分为4大类，见表2-8。

表2-8　馏分燃料的分类和使用范围

类别	种类	名称	使用范围
汽油机燃料	航空燃料	航空汽油	活塞式航空发动机、快速舰艇发动机
	汽车燃料	车用汽油	汽油机汽车、摩托车、舰艇汽油发动机
柴油机燃料	高速柴油机燃料	轻柴油、军用柴油	各种柴油机汽车、牵引机、坦克柴油发动机、拖拉机、内燃机车和舰艇柴油发动机
	中速柴油机燃料	重柴油	中速柴油机
	大功率低速柴油机燃料	船用燃料	大功率低速柴油机
喷气发动机燃料	喷气燃料	煤油型、宽馏分型、高闪点型、大密度型	涡轮喷气发动机、涡轮风扇发动机、涡轮轴发动机、涡轮螺旋桨发动机、桨扇发动机
锅炉燃料	锅炉燃料	舰用燃料油	舰船锅炉

不同使用场合对所用燃料提出相应质量要求。产品质量标准的制定是综合考虑产品使用要求、所加工原油的特点、加工技术水平及经济效益等因素，经一定标准化程序，对每一种产品制定出相应的质量标准(俗称规格)，作为生产、使用、运销等各部门必须遵循的具有法规性的统一指标。在我国主要执行的有中华人民共和国强制性国家标准(GB)、推荐性国家标准(GB/T)、国家军用标准(GJB)、石油和石油化工行业标准(SY、SH)和企业标准(QB)等。

第四节　汽　油

汽油按其具体用途可分为车用汽油、航空汽油、洗涤汽油(属于溶剂类)和起动汽油(属添加剂类)。本节主要介绍车用汽油。

一、汽油机的工作过程

按燃料供给方式的不同，汽油机可分为化油器式及喷射式两大类。图 2-7 为化油器式汽油机的结构示意图。

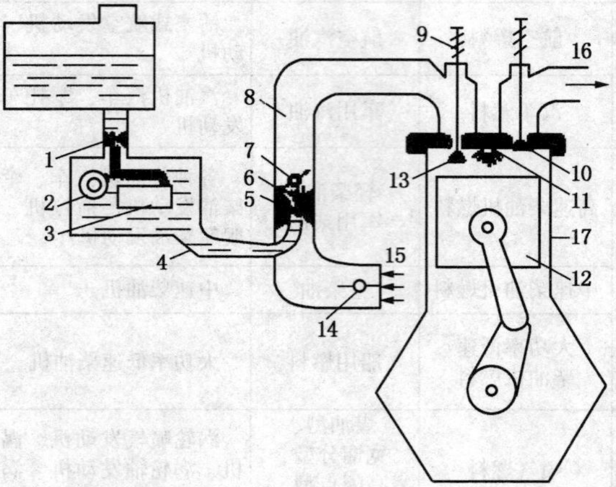

图 2-7　化油器式汽油机结构原理示意图

1—针阀；2—浮子室；3—浮子；4—导管；5—喷嘴；6—喉管；7、14—节气阀；8—混合室；9—弹簧；10—排气阀；11—火花塞；12—活塞；13—进气阀；15—空气；16—废气；17—气缸

在气缸内，活塞所能达到的最高位置称为“上止点”，活塞所能达到的最低位置称为“下止点”。活塞由上止点移到下止点所走的距离为活塞行程。所让出的容积为气缸工作容积。活塞到达上止点时，活塞顶以上的容积为燃烧室的容积。活塞处于下止点位置时，活塞顶以上的气缸全部容积为气缸总容积。压缩比即是指发动机气缸总容积与燃烧室容积之比。

汽油机若按一个工作循环，活塞运动的行程数可分为二行程发动机和四行程发动机。一个工作循环是指完成一次进气、压缩、膨胀做功和排气的过程。四行程发动机是指活塞需要移动四个行程（即活塞上下往复运动四次），才完成一个工作循环的发动机。大多数汽油机都属于四行程发动机。图 2-8 为四行程汽油发动机的工作过程示意图。

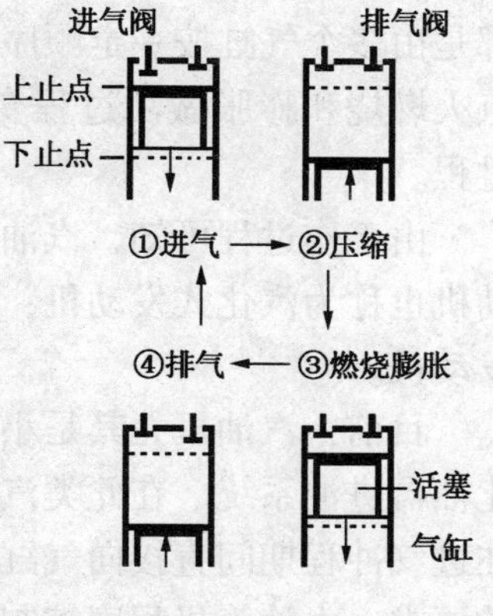

图 2-8　汽油机工作过程示意图

① 进气。进气阀打开，排气阀关闭，活塞从上止点向下止点移动，活塞上方的容积逐渐增大，气缸内压力逐渐降至 70～90kPa，于是空气经喉管以 70～120m/s 的高速进入混合室，同时油箱中汽油经浮子室由导管、喷嘴在喉管处与高速空气混合，汽油被喷散成雾状，同时汽化形成可燃性混合气，经进气阀进入气缸。当活塞运行至下止点时，进气阀关闭。此时混合气温度可达 85～130℃。

② 压缩。进气终了时，处于下止点的活塞靠飞轮惯性作用转而上行。气缸中可燃性混合气被压缩，温度、压力随之增高，当活塞接近上止点、压缩过程终了时，气体温度、压力通常可达 330～430℃和 0.7～1.5MPa。此温度和压力的大小取决于发动机的压缩比。

③ 燃烧膨胀（做功）。活塞上行接近上止点时，火花塞开始打火，点燃混合气，并以 20～50m/s 的速度向四周传播燃烧。混合气燃烧产生大量的热能，使气缸内气体的温度和压力骤增。其最高温度可达 2000～2500℃、最高压力为 3～5MPa，高温高压燃气推动活塞下行，通过连杆带动曲轴旋转对外做功。曲轴连杆机构将燃料燃烧放出的热能转变为机械能，使活塞的往复直线运动变为曲轴的旋转运动，再通过飞轮对外输出动力。

④ 排气。活塞下行到下止点时，活塞靠惯性转而上行，排气阀打开，排出废气。

当活塞再次到达上止点时，排气结束，这样完成一个工作循环，继而重复上述工作循环。如此周而复始，循环不息。汽油机都是由多个气缸按一定顺序组合而连续进行工作的，使不连续的点火燃烧和膨胀做功过程变成连续的、经连杆带动曲轴旋转的过程。

由工作过程可知，汽油在进入气缸前已经汽化，因此汽油发动机也称为汽化式发动机；因需火花塞点燃，因此又称为点燃式发动机。

目前，汽油机尤其是小型轿车一般采用喷射进油系统来取代化油器进油系统。在此类汽油机中，汽油可在进气道喷射，也可在进气冲程期间直接向气缸内喷射。它的优点是可根据不同车况的要求，由计算机程序控制汽油和空气的用量，使之达到最佳比例，燃料的燃烧更为完全，耗油量低，排气污染少。

二、汽油机内的正常燃烧及爆震现象

在汽油机的压缩过程中，可燃混合气的温度和压力上升很快，当达到一定程度后气体中的烃类开始氧化形成一些过氧化物，经火花塞点燃后，形成火焰中心。在正常燃烧的情况下，以火花为中心，逐层发火燃烧，平稳地向未燃区传播，火焰速度约为 20~50m/s，如图 2-9(a)。未燃混合气和已燃混合气的接触部分因受热而温度升高，同时由于已燃混合气的膨胀而使其压力升高，这样便大体以球面形状逐层发火燃烧，向前推进，直到绝大部分燃料燃尽为止。在这种情况下，气体温度、压力均匀稳定升高，活塞被均匀地推动，发动机处于良好的工作状态。

汽油机在某种情况下，会发生不正常的燃烧，它发生在燃烧过程的后期。当火花塞点火后，随着最初形成的火焰中心在气缸中的传播，未燃部分混合气受已燃气体的压缩和火焰的辐射，使局部温度达到其自燃点，从而瞬间产生多个燃烧中心，并从这些中心以 100~300m/s 直到 800~1000m/s 的速率传播火焰，如图 2-9(b)。在这种情况下，混合气燃烧迅速完成，瞬间释放大量的能量，局部压力和温度可分别达到 10MPa 和 2000~2500℃。

这样，在气缸内便出现剧烈的压力震荡，从而产生速度很高的冲击波，如同重锤敲击活塞和气缸各部件，发出金属撞击声，此时燃料燃烧不完全，排出带炭粒的黑烟，此即爆震现象。

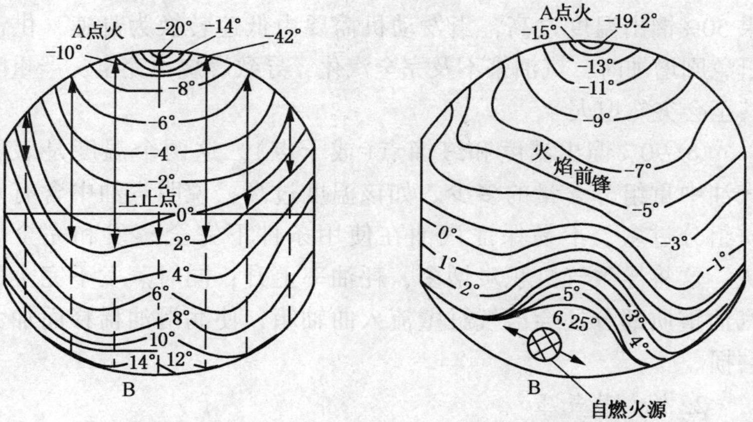

(a) 正常燃烧　　(b) 爆震燃烧

图 2-9　汽油机正常燃烧与爆震燃烧的火焰传播

三、车用汽油的主要性能要求

(一) 蒸发性

合适的蒸发性能是保证发动机正常工作的最基本要求，汽油蒸发性能由其馏程和饱和蒸气压指标来评定。

1. 馏程

汽油用恩氏蒸馏的馏程表示其沸点范围和蒸发性能。其主要馏出温度的意义如下：

① 10%馏出温度。反映汽油中低沸点组分的含量，对发动机的启动性具有决定性影响。其值越低，则表明汽油中所含低沸点组分越多、蒸发性越强、启动性越好，在低温下也具有足够的挥发性，以形成可燃混合气而易于起动。但若过低，则易于在输油管道汽化形成气泡而影响油品的正常输送，即产生气阻。

② 50%馏出温度。表示汽油的平均蒸发性能，与汽油机启动后升温时间的长短以及加速是否及时均有密切关系。汽油的50%馏出温度低，在正常温度下便能较多地蒸发，从而能缩短汽油机的升温时间，同时，还可使发动机加速灵敏、运转柔和。如果50%馏出温度过高，当发动机需要由低速转换为高速，供油量急剧增加时，汽油来不及完全汽化，导致燃烧不完全，严重时甚至会突然熄火。

③ 90%馏出温度和终馏点(或干点)。这两个温度是表示汽油中重组分含量的多少。如该温度过高，说明汽油中含有重质组分过多，不易保证汽油在使用条件下完全蒸发和完全燃烧。这将导致气缸积炭增多，耗油率上升；同时蒸发不完全的汽油重质部分还会沿气缸壁流入曲轴箱，使润滑油稀释而加大磨损。

2. 饱和蒸气压

汽油的饱和蒸气压是衡量汽油在汽油机燃料供给系统中是否易于产生气阻的指标，同时还可相对地衡量汽油在储存运输中的损耗倾向。汽油的饱和蒸气压越大，蒸发性越强，发动机就容易冷启动，但产生气阻的倾向增大，蒸发损耗以及火灾危险性也越大。通过规定汽油的10%蒸发温度和饱和蒸气压，既保证了发动机的启动性，又可防止气阻的产生。

(二) 辛烷值

1. 抗爆性指标

爆震会损坏气缸部件，缩短发动机寿命，燃料燃烧不完全，增加油耗量，发动机效率降低。引起爆震原因除机械结构、驾驶操作和气候条件等因素外，主要与汽油化学组成有关。烃类可因发生氧化反应产生过氧化物而自燃。当汽油组分易氧化，自燃点低于混合气压缩后温度时，可发生自燃而产生爆震。

汽油的抗爆震能力称为抗爆性，其评价指标为辛烷值(简称ON)，汽油的辛烷值愈高，抗爆性愈好。有关辛烷值的定义及测定要点见表2-9。

表 2-9 辛烷值测定概述

项 目	内 容
爆震试验装置	连续可变化压缩比的单缸发动机，附带相应的负载设备，辅助设备及仪表
标准参比燃料	由异辛烷、正庚烷、四乙基铅根据需要按一定比例配成标准燃料。且规定异辛烷(2,2,4-三甲基戊烷)的辛烷值为 100，正庚烷的辛烷值为 0
测定 ON<100 的汽油	把给定汽油与异辛烷和正庚烷组成的混合物用标准实验方法进行比较，如果它们在压缩比等条件相同下，有相同的爆震程度，则混合物中异辛烷的体积百分比就是这种汽油的辛烷值
测定 ON>100 的汽油	根据产生相同震动强度需加入异辛烷中的四乙基铅的毫升数，查表确定汽油辛烷值

车用汽油辛烷值的测定方法主要有两种，即马达法与研究法，所测得的辛烷值分别称为马达法辛烷值(MON)和研究法辛烷值(RON)。

我国车用汽油的牌号按其 RON 的大小来划分，例如 92 号汽油即为汽油的 RON≥92。国家标准(GB 17930—2016)车用汽油(Ⅵ)按 RON 分为 89 号、92 号、95 号 3 个牌号，并在标准附录中增加了 98 号车用汽油的指标要求。商品汽油一般由辛烷值较高的催化裂化汽油、催化重整汽油、加氢裂化汽油、异构化汽油以及高辛烷值的组分(甲基叔丁基醚等)调合而成。

2. 辛烷值与化学组成的关系

对于结构固定的发动机，其发生爆震的根本原因是汽油组分容易氧化、自燃点低，而发生自燃产生多个火焰中心。在相同碳数下，各种烃类易氧化顺序为：正构烷烃>环烷烃>烯烃>异构烷烃>芳烃；同种烃类中，大分子烃比小分子烃易氧化。总趋势是：链越长越易氧化，辛烷值越低；分子越小、支链越短越多、异构程度越高氧化性越差，辛烷值越高。

3. 辛烷值与汽油机压缩比的匹配

提高汽油机的压缩比，混合气被压缩的程度增大，可以提高发动机的功率，节省燃料，降低油耗。但压力和温度的迅速上升，也大大加速未燃混合气中过氧化物的生成和聚积，使其更容易自燃，因而爆震的倾向增强。所以，对于压缩比越大的汽油机就应该选用抗爆性越好的汽油，才不致产生爆震燃烧。也就是说，不同压缩比的发动机，必须使用抗爆性与其相匹配的汽油，才能提高发动机的功率而不会产生爆震现象。表 2-10 为与国内外典型汽车压缩比相适应的汽油标号推荐表，具体车型选用什么标号的汽油，在汽车说明书上都有写明。

表 2-10 按照压缩比理想选用的车用汽油标号

压缩比	89 号	92 号	95 号	98 号
7.5~8.0	√			
8.0~8.5	√	√		
8.5~9.0		√	√	
9.0~9.5		√	√	
9.5~10.0			√	√

（三）汽油的安定性

汽油在常温和液相条件下抵抗氧化的能力称为汽油的氧化安定性，简称安定性，评定指标为实际胶质和诱导期。

安定性好的汽油，在储存和使用过程中不会发生明显的质量变化；安定性差的汽油，在运输、储存及使用过程中会发生氧化反应，易于生成酸性物质、黏稠的胶状物质及不溶沉渣，使汽油的颜色变深，导致辛烷值下降且腐蚀金属设备。汽油中生成的胶质较多，会使发动机工作时，油路阻塞，供油不畅，混合气变稀，气门被黏着而关闭不严；还会使积炭增加，导致散热不良而引起爆震和早燃等；沉积于火花塞上的积炭，还可能造成点火不良，甚至不能产生电火花。以上原因都会引起发动机工作不正常，增大油耗。

影响汽油安定性的首要原因是其化学组成，汽油中的烷烃、环烷烃和芳香烃在常温下均不易发生氧化反应，但其中的各种不饱和烃则容易发生氧化和叠合等反应，从而生成胶质。汽油中的含硫化合物，特别是硫酚和硫醇，也能促进胶质的生成。含氮化合物的存在也会导致胶质的生成，使汽油在与空气接触中颜色变红变深，酸度(值)上升，甚至产生胶状沉淀物。所以，汽油要采取适当的方法加以精制，以除去其中某些不饱和烃(主要是二烯烃)和非烃化合物等不安定组分。此外，汽油的变质还和温度、金属表面的作用以及与空气接触面积的大小等外界条件有关。当储存温度增高 10℃，汽油中胶质生成的速度约加快 2.4~2.6 倍。金属表面也能使汽油的安定性降低、颜色易变深、胶质增长加快。在各种金属中，铜的影响最大，它可使该汽油试样的诱导期降低 75%。汽油的氧化变质开始于其与空气接触的表面，燃料与空气的接触面积越大，氧化的倾向自然也越大。因此汽油产品需加入适量的抗氧剂和金属钝化剂，在储存时应采取避光、降温及降低与空气的接触面积等保护措施。

(四) 汽油的腐蚀性

汽油在使用和储运过程中均与金属相接触，为此要求控制汽油及其燃烧产物对金属的腐蚀性。汽油中会引起腐蚀的物质主要有硫及含硫化合物、有机酸和水溶性酸或碱等。控制指标有总硫含量、硫醇硫含量、酸度(gKOH/100mL)、水溶性酸或碱(在储运过程中由于容器不清洁造成)。此外，还通过最直观的反映汽油腐蚀性的铜片腐蚀试验(铜片放入油中恒温 50℃，3h 后观察铜片腐蚀情况)表示。

除以上所述的各种对车用汽油使用要求外，还对汽油提出了机械杂质及水分、苯含量、芳烃含量、烯烃含量等清洁性要求。车用汽油(ⅥA/ⅥB)技术要求和试验方法如表 2-11，国Ⅵ质量指标要求有更多的轻组分，更少的苯、芳烃和烯烃含量。

表 2-11 车用汽油(ⅥA/ⅥB)的质量标准(GB 17930—2016)

项目		车用汽油(ⅥA/ⅥB)			试验方法
		89	92	95	
抗爆性					
研究法辛烷值(RON)	≥	89	92	95	GB/T 5487
抗爆指数(RON+MON)/2	≥	84	87	90	GB/T 503，GB/T 5487
铅含量/(g/L)	≤	0.005			GB/T 8020

续表

项　　目		车用汽油(ⅥA/ⅥB)			试验方法
		89	92	95	
馏程					GB/T 6536
10%蒸发温度/℃	≤	70			
50%蒸发温度/℃	≤	110			
90%蒸发温度/℃	≤	190			
终馏点/℃	≤	205			
残留量/%(体)	≤	2			
蒸气压/kPa					GB/T 8017
从11月1日至4月30日		45~85			
从5月1日至10月31日		40~65			
胶质含量/(mg/100mL)					GB/T 8019
未洗胶质含量(加入清净剂前)	≤	30			
溶剂洗胶质含量	≤	5			
诱导期/min	≥	480			GB/T 8018
硫含量/(mg/kg)	≤	10			SH/T 0689
硫醇(博士试验)		通过			NB/SH/T 0174
铜片腐蚀(50℃，3h)/级	≤	1			GB/T 5096
水溶性酸或碱		无			GB/T 259
机械杂质及水分		无			目测
苯含量/%(体)	≤	0.8			SH/T 0713
芳烃含量/%(体)	≤	35			GB/T 30519
烯烃含量/%(体)	≤	18/15			GB/T 30519
氧含量/%(质)	≤	2.7			NB/SH/T 0663
甲醇含量/%(质)	≤	0.3			NB/SH/T 0663
锰含量/(g/L)	≤	0.002			SH/T 0711
铁含量/(g/L)	≤	0.01			SH/T 0712
密度(20℃)/(kg/m^3)		720~775			GB/T 1884，GB/T 1885

第五节　柴　　油

一、柴油机的工作过程

图2-10为柴油机结构原理示意图。四行程柴油机的工作循环和四行程汽油机基本一样，有进气、压缩、膨胀做功和排气四个过程。两者的主要区别在于：在进气过程中，四行程柴油机吸入气缸的是新鲜空气，而不是可燃混合气；在压缩行程中，四行程柴油机压缩

的仍是空气，目的在于产生高温和高压；在做功行程中，四行程柴油机不是利用点火方式使气体燃烧，而是在被压缩的高温气体中喷入柴油，自燃做功，推动活塞下行而产生动力。

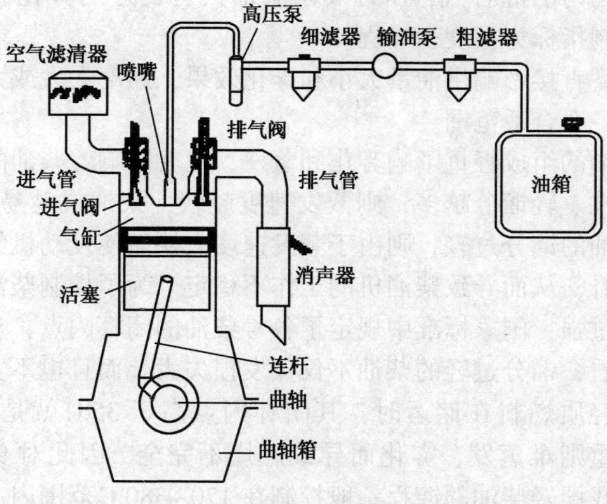

图 2-10　柴油机结构原理示意图

柴油机靠喷入的柴油达到其自燃点而自行燃烧，所以柴油机也称压燃式发动机。另外，因压缩的是空气，压缩比不受燃料性质的影响而较高，因此其热效率比汽油机高。当二者功率相同时，柴油机可节约燃料 20%~30%。

柴油机根据转速高低分为三种类型，主要用于农用机械、重型车辆、坦克、铁路机车、船舶舰艇、工程和矿山机械等，各类型柴油机对燃料的要求也不同。

二、车用柴油的主要性能要求

（一）柴油的流动性

良好的流动性有利于柴油的储存、运输和使用。由于柴油供油系统设有供油泵、粗细过滤器、高压泵等设备，一般温度下供油不成问题。但在低温下能否正常供油，却依赖于柴油的低温流动性。我国评定柴油低温流动性能的指标为凝点（或倾点）和冷滤点。轻柴油的牌号按凝点划分，如0号柴油表示其凝点≯0℃。

(二)柴油的雾化和蒸发性能

为了保证燃料迅速、完全地燃烧，要求柴油喷入气缸即能尽快形成均匀的混合气，所以要求柴油具有良好的雾化和蒸发性能。控制指标为黏度和馏程。

黏度直接影响供油量大小和雾化效果，黏度太大或太小都不好，有一个合适范围。

柴油的组成轻重影响雾化和蒸发，也就影响着柴油的燃烧性和起动性。轻馏分越多，则蒸发速度越快，柴油机越易于起动。但若柴油的馏分过轻，则由于蒸发速度太快而使发动机气缸压力急剧上升，从而导致柴油机的工作不稳定。为了控制柴油的蒸发性不致过强，国家标准中规定了各号柴油的闭杯闪点，从储存和运输来看，馏分过轻的柴油不仅蒸发损失大，而且也不安全。一般认为轻质燃料在储运时，其闭杯闪点高于35℃就是安全的。馏分过重则难蒸发、雾化而导致燃烧不完全，因此对95%提出限制。我国轻柴油的馏程一般控制在170~380℃范围内。

(三)柴油的抗爆性

1. 柴油抗爆性的表示方法

柴油抗爆性(或称为着火性质)通常用十六烷值表示。我国石油产品标准中规定轻柴油的十六烷值一般不低于45，车用柴油国Ⅵ质量指标要求有所提高。

柴油的十六烷值测定与汽油的辛烷值测定相似。它是在规定操作条件的标准发动机试验中，将柴油试样与标准燃料进行比较测定，当两者具有相同的着火滞燃期时，标准燃料的正十六烷值即为试样的十六烷值。标准燃料是用抗爆性好的正十六烷和抗爆性差的七甲基壬烷按不同体积比配制成的混合物。规定正十六烷的十六烷值为100，七甲基壬烷的十六烷值为15。例如，某试样经规定试验比较测定，其着火滞燃期与含正十六烷体积分数为40%、七甲基壬烷体积分数为60%的标准燃料相同，则可按式(2-10)计算得该试样的十六烷值为49。

$$CN = 100\varphi_1 + 15\varphi_2 \qquad (2-10)$$

式中 CN——标准燃料的十六烷值；

φ_1——正十六烷的体积分数，%；

φ_2——七甲基壬烷的体积分数，%。

柴油发动机发生爆震的根本原因是柴油组分不容易氧化、自燃点高而引起自燃时产生多个自燃点（火焰中心），与汽油机正好相反。总趋势是：链越长越易氧化，十六烷值越大；分子越小、支链越短越多、异构程度越高氧化性越差，十六烷值越小。

（四）柴油的安定性、腐蚀性和洁净度

1. 柴油的安定性

与汽油相似，影响柴油安定性的主要原因是油品中存在不饱和烃以及含硫、含氮化合物等不安定组分。评价安定性的指标主要有总不溶物和10%蒸余物残炭。总不溶物是表示柴油热氧化安定性的指标，它反映了柴油在受热和有溶解氧的作用下发生氧化变质的倾向。安定性差的柴油，长期储存可在油罐或油箱底部、油库管线内及发动机燃油系统生成不溶物。10%蒸余物残炭值反映柴油在使用中在气缸内形成积炭的倾向，残炭值大，说明柴油容易在喷油嘴和气缸零件上形成积炭，导致散热不良，机件磨损加剧，缩短发动机使用寿命。

2. 柴油的腐蚀性

通过控制酸度、硫含量、水分、铜片腐蚀等指标来防止腐蚀。

3. 柴油的洁净度

影响柴油洁净度的物质主要是水分和机械杂质。精制良好的柴油一般不含水分和机械杂质，但在储存、运输和加注过程中都有可能混入。此外，轻柴油的外观应为透明淡黄。

（五）柴油产品的品种和牌号

我国的柴油品种分为轻柴油、重柴油和专用柴油。轻柴油按凝点划分为5号、0号、-10号、-20号、-35号和-50号六个牌号；重柴油则按其50℃运动黏度（mm^2/s）划分为10号、20号、30号三个牌号。不同凝点的轻柴油适用于不同的地区和季节，不同黏度的重柴油适用于不同类型和不同转速的柴油发动机。我国车用柴油（Ⅵ）的质量标准见表2-12。

表 2-12　车用柴油(Ⅵ)的技术要求和试验方法(GB/T 19147—2016)

项　　目		质量指标(Ⅵ)						试验方法
		5 号	0 号	-10 号	-20 号	-35 号	-50 号	
氧化安定性(以总不溶物计)/(mg/100mL)	不大于	2.5						SH/T 0175
硫含量/(mg/kg)	不大于	10						SH/T 0689
酸度(以 KOH 计)/(mg/100mL)	不大于	7						GB/T 258
10%蒸余物残炭/%(质)	不大于	0.3						GB/T 17144
灰分/%(质)	不大于	0.01						GB/T 508
铜片腐蚀(50℃，3h)/级	不大于	1						GB/T 5096
水含量/%(体)	不大于	痕迹						GB/T 260
润滑性　校正磨痕直径(60℃)/μm	不大于	460						SH/T 0765
多环芳烃含量/%(质)	不大于	7						SH/T 0806
总污染物含量/(mg/kg)	不大于	24						GB/T 33400
运动黏度(20℃)/(mm^2/s)		3.0~8.0		2.5~8.0		1.8~7.0		GB/T 265
凝点/℃	不高于	5	0	-10	-20	-35	-50	GB/T 510
冷滤点/℃	不高于	8	4	-5	-14	-29	-44	SH/T 0248
闪点(闭口)/℃	不低于	60			50	45		GB/T 261
十六烷值	不小于	51			49	47		GB/T 386
十六烷指数	不小于	46			46	43		SH/T 0694
馏程								GB/T 6536
50%回收温度/℃	不高于	300						
90%回收温度/℃	不高于	355						
95%回收温度/℃	不高于	365						
密度(20℃)/(kg/m^3)		810~845			790~840			GB/T 1884，GB/T 1885
脂肪酸甲酯含量/%(体)	不大于	1.0						NB/SH/T 0916

第六节　喷气燃料及其他油品

一、喷气燃料

喷气燃料(旧称航空煤油)的最主要功能是通过燃烧产生热能做功，此外还有其他功能，如用作压缩机和尾喷管的某些部件的工作液体，在燃油-润滑油换热器中用作润滑油冷却剂，在供油部件中用作润滑介质。这些功能都是在高空飞行条件下实现的，所以对燃料的质量要求非常严格，以确保飞行安全可靠。对喷气式发动机燃料质量的主要要求有：①良好的燃烧性能；②适当的蒸发性；③较高的热值和密度；④良好的安定性；⑤良好的低温性；⑥无腐蚀性；⑦良好的洁净性；⑧较小的起电性和着火危险性；⑨适当的润滑性。

特别是对喷气燃料的洁净度提出了很高要求。喷气发动机燃料系统机件的精密度很高，因而，即使较细的颗粒物质也会造成燃料系统的故障。引起燃料脏污的物质主要是水、表面活性物质、固体杂质及微生物。

水的存在，除了对燃料的腐蚀性、低温性产生不良影响外，还会破坏燃料在系统部件中所起的润滑作用，并能导致絮状物的生成和微生物的滋长。燃料中的表面活性物质会增强油水乳化，使油中的水不易分离，并且会促使一些细微的杂质聚集在过滤器上，使过滤器的使用周期大大缩短。固体杂质对于燃料系统中的高压油泵和喷油嘴等精密部件危害极大。喷气燃料中若含有细菌，不但会加速油料容器的腐蚀和使涂层松软，如果条件有利，细菌还会大量繁殖，以致堵塞过滤器。

我国喷气燃料质量标准要求不能含有机械杂质，并用外观和水反应试验等技术指标来保证喷气燃料的洁净度。为保证喷气燃料的洁净度，对油品储运提出更高要求，在油品使用前还要经过充分沉降和过滤。

需要注意的是，喷气发动机的高压燃料油泵一般都采用了镀银机件，而银对于硫化物的腐蚀极为敏感。因此，喷气燃料质量标准中增加了银片腐蚀试验。3号喷气燃料民航飞机、军用飞机通用，是产量最大的喷气燃料，表2-13为3号喷气燃料质量标准。相对于军用航空燃料，民用航空燃料部分质量指标要求有所降低。

表2-13　3号喷气燃料的技术要求(GB 6537—2018)

项　目		质量标准	试验方法
外观		室温下清澈透明，目视无不溶解水及固体物质	目测
颜色	不小于	+25	GB/T 3555
组成			
总酸值/(mgKOH/g)	不大于	0.015	GB/T 12574
芳烃含量/%(体)	不大于	20.0	GB/T 11132
烯烃含量/%(体)	不大于	5.0	GB/T 11132
总硫含量/%(质)	不大于	0.20	SH/T 0689
硫醇硫/%(质)	不大于	0.0020	GB/T 1792
或博士试验		通过	NB/SH/T 0174
直馏组分/%(体)		报告	
加氢精制组分/%(体)		报告	
加氢裂化组分/%(体)		报告	
合成烃组分/%(体)		报告	
挥发性			
馏程			GB/T 6536
初馏点/℃		报告	
10%回收温度/℃	不高于	205	
20%回收温度/℃		报告	
50%回收温度/℃	不高于	232	
90%回收温度/℃		报告	
终馏点/℃	不高于	300	
残留量/%(体)	不大于	1.5	
损失量/%(体)	不大于	1.5	
闪点(闭口)/℃	不低于	38	GB/T 21789
密度(20℃)/(kg/m³)		775~830	GB/T 1884，GB/T 1885

续表

项　　目		质量标准	试验方法
流动性			
冰点/℃	不高于	-47	GB/T 2430
运动黏度/(mm^2/s)			GB/T 265
20℃	不小于	1.25	
-20℃	不大于	8.0	
燃烧性			
净热值/(MJ/kg)	不小于	42.8	GB/T 384
烟点/mm	不小于	25.0	GB/T 382
或烟点最小为 20mm 时,			
萘系烃含量/%(体)	不大于	3.0	SH/T 0181
腐蚀性			
铜片腐蚀(100℃, 2h)/级	不大于	1	GB/T 5096
银片腐蚀(50℃, 4h)/级	不大于	1	SH/T 0023
安定性			
热安定性(260℃, 2.5h)			GB/T 9196
压力降/kPa	不大于	3.3	
管壁评级		小于 3, 且无孔雀蓝色或异常沉淀物	
洁净性			
胶质含量/(mg/100mL)	不大于	7	GB/T 8019
水反应			GB/T 1793
界面情况/级	不大于	1b	
分离程度/级	不大于	2	
固体颗粒污染物含量/(mg/L)	不大于	1.0	SH/T 0093
导电性			
电导率/(pS/m)		50~600	GB/T 6539
水分离指数			SH/T 0616
未加抗静电剂	不小于	85	
加入抗静电剂	不小于	70	
润滑性			
磨痕直径 WSD/mm	不大于	0.65	SH/T 0687

经铜精制工艺的喷气燃料，油样应按 SH/T 0182 方法测定铜离子含量，不大于 150μg/kg。

含有合成烃的喷气燃料要求应符合 GB 6537—2018 中 4.3 的要求。

二、燃料油

燃料油俗称烧火油，主要作为锅炉燃料为家庭供暖、工业提供热能，广泛用于冶金、金属加工、炼焦、陶瓷、玻璃等工业。大部分燃料油由渣油和柴油馏分调合构成，有些是减黏裂化产物，一般对颜色没有特别要求。燃料油要求具有良好的泵送性能、雾化性能和燃烧性能，以及腐蚀性小、稳定不分层、闪点较高、安全性好等特性。其主要质量指标有：黏度、闪点、凝点、灰分、水分、含硫量、机械杂质等，其中，黏度是燃料油的重要指标。

三、溶剂油

溶剂油是对某些物质起溶解、洗涤、萃取作用的轻质石油产品。馏程较窄，组分轻、蒸发性强，属易燃易爆轻质油品，在使用和储运中，必须特别注意防火安全，要求使用场所通风良好。同时，溶剂油是一种质量要求较高的油品，其储运的容器、管线及泵等设备必须符合规定要求，以防产品被污染。我国溶剂油按98%馏出温度或干点划分牌号。

四、石油芳烃

石油芳烃是重要的化工原料和溶剂，其主要产品及用途见表2-14。

表 2-14　主要石油芳烃产品及用途

产品名称	馏程/℃	主要用途	执行标准
石油苯	79.6~80.5	用作有机合成或其他化工原料	GB/T 3405—2011
石油甲苯	—	用作有机溶剂、硝化合成化工原料	GB/T 3406—2010
混合二甲苯	137.5~141.5 或137~143	用作涂料的溶剂及稀释剂；用作有机合成或其他化工原料；用作氯化橡胶、氯丁二烯聚合物的溶剂	GB/T 3407—2019
重芳烃	125~200	适用于油漆工业中作溶剂和稀释剂；用于生产双氧水过程作蒽的溶剂	Q/SH 30901—2003

石油芳烃均属于易燃易爆危险品，而且均有毒性，储运及使用过程应严格按有关规定操作，配备消防、安全设备，做好安全防护措施。

五、化工轻油原料

化工轻油原料是炼油过程中的中间产品，其产品种类及用途见表 2-15。

表 2-15　主要化工轻油原料及用途

产品名称	馏程/℃	主要用途	执行标准
石脑油	44~190	用于轻油裂解制取乙烯及合成氨等化工原料，或一般溶剂	Q/SHH. H010—2003
140 号化工轻油	初馏点~205	用于轻油裂解制取乙烯及合成氨等化工原料，或一般溶剂	Q/SHMMZ03—2002
3 号白油原料	初馏点~300	用作生产白油的原料	Q/SHMMZ01—2002

六、液态烃

常温常压为气态的炼厂气经加压提炼可得到液态烃，对外销售的产品主要有液化石油气和工业丁烷，如表 2-16。

表 2-16　液态烃产品概况

产品名称	状　态	主要用途
液化石油气	C_3、C_4 混合烃加压液态	工业及民用燃料、汽车燃料、化工原料
丁　烷	加压液态	玻璃加工等专用燃料、打火机专用气、化工发泡剂

液化石油气和工业丁烷均为经加压液化的易燃易爆物品，受热时容易膨胀、汽化。液化石油气或工业丁烷一旦泄漏，形成的烃类气体的密度是空气的 1.5~2 倍，这些烃类气体将在地表面上飘浮、聚集，造成环境污染、引起中毒或爆炸事故。因此，在储存、运输、使用液化石油气和工业丁烷过程中应严格按有关规

定操作、注意安全。

七、润滑油及润滑油基础油

润滑油应具有润滑、密封、冷却、防锈、清洁、绝缘等基本功能，为此要求润滑油要具备以下基本性能：①摩擦系数小；②适宜的黏度；③良好的极压性；④良好的化学安定性和热稳定性，使其在储存、运输、使用过程中不易被氧化、分解变质；⑤良好的材料适应性；⑥纯净度高，要求油色透明，且不含机械杂质和水分。

润滑油一般以基础油和添加剂调合而成，基础油占润滑剂配方的95%以上。基础油决定着润滑油的基本性质，所以，对基础油的质量有严格要求。基础油分为矿物油和合成油两大类。所谓矿物油，就是以原油的减压馏分或减压渣油为原料，并根据需要经过脱沥青、脱蜡和精制等过程(或加氢工艺)而制得的润滑油基础油。润滑油基础油的储运比一般燃料油要求更高。润滑油的种类繁多，但用量不大，为保证产品质量及方便销售，商品润滑油多采用整装方式储运。

变压器油、电缆油、电容器油和油开关油等电器绝缘油的功能为绝缘和冷却，而不起润滑作用。所以，对其性能的要求与一般润滑油有很大差别。主要性能是绝缘性，要求储运过程不能混入水分等杂质。

第七节 原 油

原油是指从地下开采出来而未经加工的天然石油。宏观上看，可以认为原油是由液化石油气、汽油、煤油、柴油、润滑油基础油、燃料油、石蜡、沥青等组分构成的复杂混合物。因产地不同，原油的构成组分不同，性质也不同。与储运关系密切的表观物性主要有凝点(流动性)、黏度(流动性)、闪点(安全性、蒸发损失)、含硫量(腐蚀性)、含水量(流动性、腐蚀性、计量)、密度(计量)等。

原油因产地不同而使其组成和性质也不同，如无视这些差别，进行混合输送、混合加工，势必增加生产过程的难度和成本，降低产品质量和产率。为了合理地开采、集输和加工原油就必须首先对原油进行分类。常用的有化学分类(表 2-17)和工业分类(表 2-18)。

表 2-17　原油的化学分类

原油类型	原油特点
石蜡基原油	烷烃含量较高、相对密度及黏度较小、黏温特性好、凝点较高，低温流动性差
中间基原油	原油性质居于石蜡基和环烷基原油之间
环烷基原油	环烷烃及芳香烃含量较高、相对密度及黏度较大、黏温特性差、凝点低，低温流动性较好

表 2-18　原油的工业分类

分类依据	指标范围及原油类型		
相对密度(d_4^{20})	<0.8661 轻质原油	0.8662~0.9161 中质原油	0.9162~1.0000 重质原油
硫含量	<0.5% 低硫原油	0.5%~2.0% 含硫原油	>2.0% 高硫原油
蜡含量	0.5%~2.5% 低蜡原油	2.5%~10% 含蜡原油	>10% 高蜡原油

原油工业分类也称商品分类，可作为化学分类的补充，在工业上也有一定的参考价值。原油密度低则轻质油收率较高，硫含量高则加工成本高。国际石油市场对原油按密度和硫含量分类，并计算不同原油的价格。

原油的分类为原油的贸易以及原油的储运方式、加工方案等提供依据。相同类型的原油可采用相同或相似的储运方式、加工方案。有时将具有性质互补的两种原油进行混输(混合输送)、混炼(混合加工)却可获得满意的效果。原油类型的确定需进行原油评价。所谓原油评价一般是指在实验室采用蒸馏和分析方法，全面掌握原油性质，以及可能得到产品和半产品的收率及其一些基本性质。

第三章 石油储罐

油罐是储存石油及其产品的容器，是储运系统的主体设施之一。油罐种类繁多，形态不一，结构较复杂。容量小的几立方米，大的20多万立方米。油罐的分类可按其安装位置、使用材质、结构和盛装油品类型来区分，见表3-1。

表3-1 油罐类型的划分

分类基准	油罐类型	备注
相对标高	地面罐、地下罐、半地下罐、高架罐	
材质	金属罐、非金属罐	
油罐形状和结构特征	立式罐：(1)拱顶罐；(2)浮顶罐；(3)内浮顶罐	常压容器
	卧式罐	压力容器
	球罐	压力容器

选用油罐的基本原则为：按油品性能及质量要求选择油罐，同时考虑技术、经济、环保等因素。国内储罐设计与施工的主要技术规范(标准)有：SH 3046—1992《石油化工立式圆筒形钢制焊接储罐设计规范》、GB 50341—2014《立式圆筒形钢制焊接油罐设计规范》、GB 50128—2014《立式圆筒形钢制焊接储罐施工规范》、GB 50094—2010《球形储罐施工规范》、GB/T 12337—2014《钢制球形储罐》、SH 3136—2003《液化烃球形储罐安全设计规范》、JB/T 4731—2005《钢制卧式容器》。

第一节 拱顶罐

一、油罐的主体结构

立式圆柱形钢质焊接而成的油罐，为常压设备，主要承受油品静压。拱顶罐、浮顶罐、内浮顶罐的罐基础、罐底和罐壁大体相同，主要区别在于罐顶及其附件。

1. 罐基础

罐基础的作用：支撑油罐、将油罐重量传递给地基土壤，保证油罐安装精度(均匀沉陷、稳定)、隔绝地下水、保持罐底干燥、防止罐底钢板腐蚀等。罐的软基础各层组成及作用如表3-2。

表3-2　油罐基础各层组成及作用

基础构成	组　成	作　用
沥青沙层	沥青、干沙，中间锥突	隔水、防腐
沙垫层	粗沙，中间锥突	隔水、干燥，保证基础水平
灰土砾石层	石灰、沙土、碎石夯实	提高承载力
素土层	原土夯实	支撑

近年来，设计油罐的基础时，也逐渐采用了硬基础结构，硬基础是在地基层按要求打上混凝土泥桩，硬基础油罐的建设可有效地解决罐底的变形。

2. 罐底板

立式圆柱形油罐的底板只起力的传递作用，液体和罐本身的重量均经底板直接作用在基础上。由于底板的外表面与基础接触，容易受潮；底板内表面又经常接触油料中的水分和杂质，容易腐蚀，再考虑到底板不易检查和修理，所以底板一般采用4~6mm厚的钢板。罐底四周与身板连接处应力比较复杂，底板外缘的边板用厚的钢板，一般边板的厚度和最下圈身板的厚度相同，至少也不小于下圈身板厚度的30%。

板厚：中幅板<边缘板(边板)<罐壁底圈

焊接：中幅板、边缘板(边板)——搭焊，边板外缘——对接形成平滑平面，有利于边缘板(边板)与罐壁底圈紧密连接。

3. 罐壁

底圈、第二圈、第三圈……顶圈。

为满足承受油静压要求，罐壁圈板等强度、变壁厚，上薄下厚。

壁圈之间的连接方式有：①直线对接式；②套筒搭接式(上下圈与圈搭焊，同圈板与板对焊，垂直焊缝错开)；③混合式。

4. 罐顶

球缺形顶：由中心盖板和若干扇形板组成。建造时，中间钢板薄、搭焊，外部弱连续焊、内部断续焊。这种弱顶结构，利于爆炸时，首先掀掉罐顶，而不致危及罐壁。罐壁完好可避免油品外流、火焰蔓延，有利于消防灭火，也有利于灾后重建。

二、油罐附件及附属设备

油罐必须装设一些附件，以便做好油品的安全收发和储存，以及油罐本身维修。即：①保证完成油料收发、储存作业，便于生产、经营管理；②保证油罐使用安全，防止和消除各类油罐事故；③有利油罐清洗和维修；④降低油品蒸发损耗。

有些附件是金属油罐共有的，如梯子、栏杆、人孔、透光孔、量油孔、进出油短管、放水底阀(或虹吸管)等。有些附件是轻质油罐专有的，如保险活门、机械呼吸阀、灭火器等。储存重油和润滑油的油罐则装有起落管、加热器、通气管等。为了保证安全，油罐还装有静电接地装置和避雷针。拱顶罐外观图如图3-1。

图3-1 拱顶罐外观图

1. 梯子和栏杆

梯子自下而上一般顺着罐壁作顺时针方向盘旋，梯子的外侧有1m高栏杆作为扶手。油罐顶周边有0.8~1m栏杆，以保证工作人员的安全，对罐顶圈还起到加强圈作用。拱顶部坡度较大，梯子平台到罐顶中央以及罐顶中央到顶部透光孔之间应做筋条踏步，以防工作人员行走时滑倒。

2. 人孔

人孔(见图3-2)设在底圈板上，直径一般为50cm或60cm，孔中心距底板0.75m。在油罐进行安装、清洗和维修时，工作人员可经人孔进出油罐，也可以利用人孔进行通风。人孔设置数量的原则：原油罐、重油罐及体积小的轻油罐均设1个人孔；3000~5000m³的轻油罐设1~2个人孔；5000~10000m³的轻油罐设2个人孔；≥10000m³的轻油罐设3个人孔。其中，有一个人孔位于罐顶透光孔的对面，便于采光和通风。

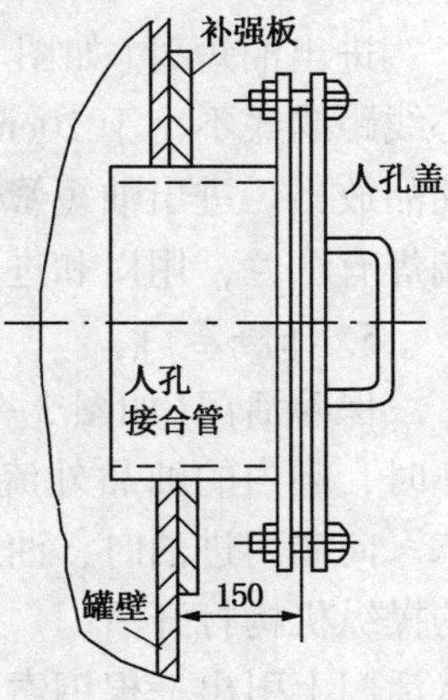

图3-2　人孔结构示意图

因位于油罐下部，人孔承受很大的液体压力，为了防止渗漏，对人孔的安装质量必须严格要求。法兰和盖板上加工有密封圈，在施工中要注意保护，以免在使用时发生渗油。每次拆下人孔时要做标记，以免再装时错位，影响严密性。安装人孔盖板上螺母时，要成对角均匀用力，以防盖板变形或因用力不匀而造成的渗油。

3. 透光孔

透光孔(见图3-3)设在罐顶上，用作采光通风或启闭保险活门、升降起落管(当它们的操作设备失灵时)之用。透光孔直径为500mm、高为175mm。其数量设置原则与人孔相同，应有一个透光孔位于进出油管线上方的罐顶上，与人孔尽可能处于相对位置，透光孔内用钢索悬吊保险活门或起落管；另有一个位于梯子平台附近。平时透光孔用盖板密封。

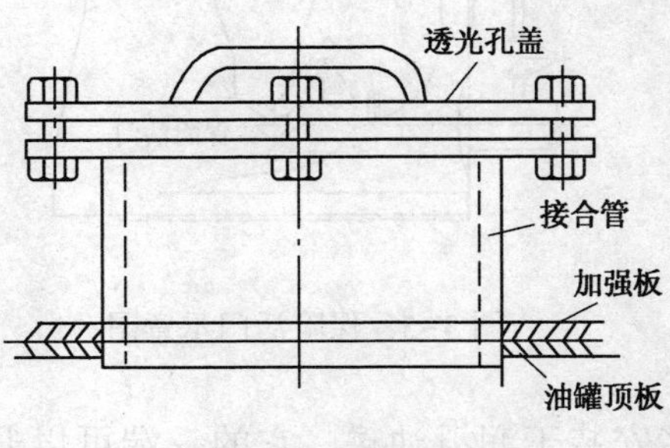

图3-3　透光孔示意图

4. 进出油短管(接合管)

进出油短管(如图 3-4)装设在油罐的底圈身板上，短管中心线距罐底不小于 20cm，以避免沉积在罐底的水分和杂质随着油品放出。进出油短管与身板焊接处应焊加强板加固。短管的外端焊有法兰，用以和进出油管线相接。

5. 保险活门

保险活门(如图 3-5)的作用是防止进出油管线或阀门被破坏时，罐内的油品外流。平时活门因自重的作用而处于关闭状态。向罐内进油时，油品可自动顶开活门；放油时通过罐壁外面的操纵机构打开活门。为了防止操纵机构失灵而无法打开活门，从活门上引出一根钢索，接到透光孔处，必要时可打开透光孔盖利用钢索开底活门。作用在活门上的压力很大，为了方便活门的开启，在进出油管线与罐壁之间接一旁通管。打开旁通管上的阀门，油品进入进出油管线，使活门两面的压力达到平衡，就可很方便地开启活门。

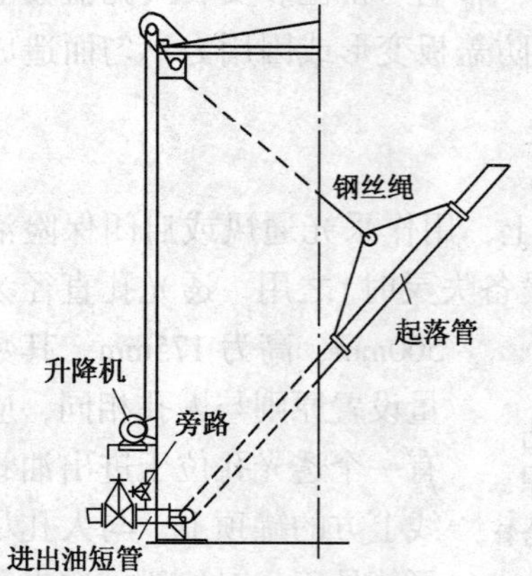

图 3-4　起落管示意图

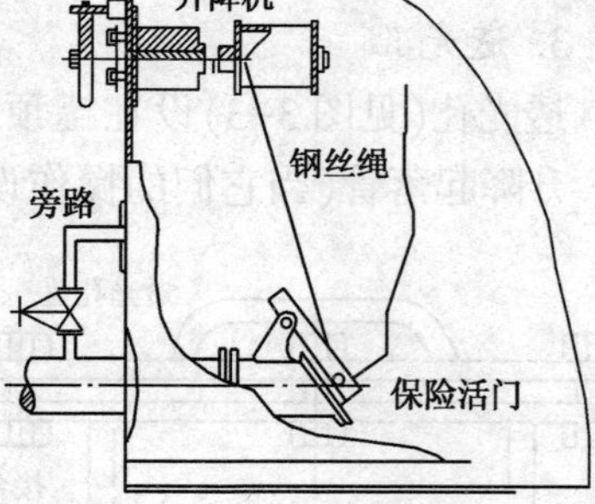

图 3-5　保险活门示意图

6. 起落管

起落管(如图 3-4)，多安装于润滑油罐，它的一端可以升降，而另一端则与进出油接合管相接，连接处用转动接头，使起落管可以上下运动，从而抽出油罐任一高度的油品。进出油管线及阀门发生破坏时，可把起落管升至液面以上，防止油品外流，这样它又起到了保险活门的作用。起落管的最大提升角一般不超过70°，以免放松钢丝绳时不能依靠自重落下。由于水和其他杂质易沉降，利用起落管可以抽出油罐上部的干净油品。

对小容积油罐，可在起落管上装设浮筒，使起落管的管口漂浮在液面下不深的位置上。这种做法结构上比较简单，易检修。它的缺点是不能任意改变起落管的位置，当进出油管线及其阀门发生故障时，不便把起落管吊出油面。

7. 放水管

为了放出罐内的残油和沉积水，油罐装设底阀或虹吸管。多数是利用虹吸作用或直接利用液体压力向罐外放出底油或底水。在罐底虹吸管的入口处做一深为8cm左右、直径为50cm的集油坑，虹吸管上设置双阀以确保安全(如图3-6)。虹吸管的另一端对准下水井，使排出的积水及时排掉。日常操作脱水阀时，应缓慢开启，阀门开度要适当，若阀门开得过大，有一部分油就被积水携带出来，造成油品损失。

8. 排污孔或清扫孔

在罐底下面做一个半圆筒形的集油箱，排污管线从集油箱引出，清罐时残油和积水可依靠液压直接排出(如图3-7)。

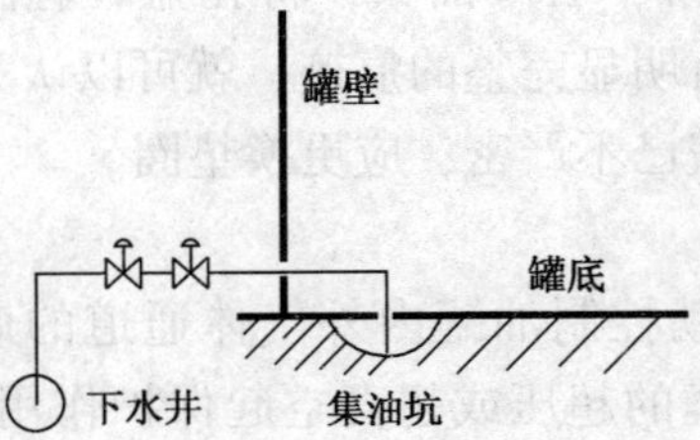

图3-6　放水管示意图

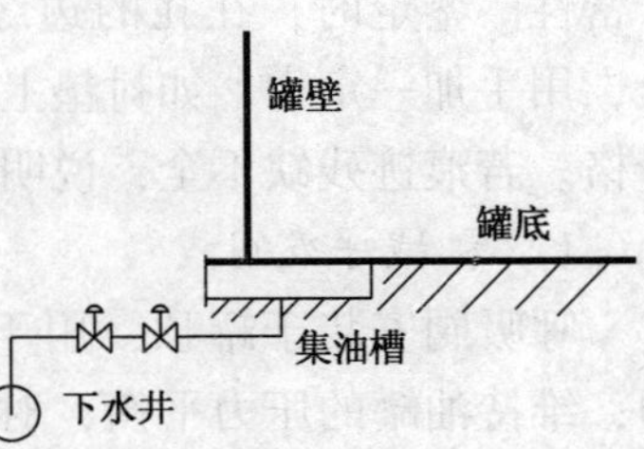

图3-7　排污孔或清扫孔示意图

9. 储罐测量仪表

一般包括液位计、温度计、压力表和高低液位计报警器，以

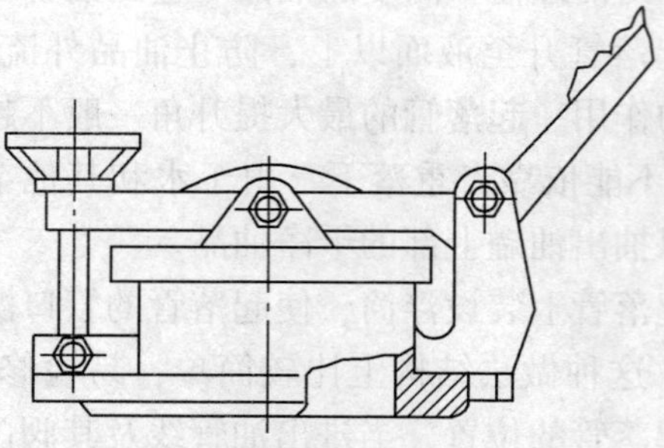

图 3-8　量油孔示意图

及用于计算机监控的数据采集器，以便随时对油罐储存情况进行监测。这些仪表的安装位置应与进出油接合管及罐内附件保持一定距离，避免受到干扰。

10. 量油孔

量油孔(如图 3-8)是为了便于量油和取样等操作而设置的，每个油罐设一个量油孔，它的直径为 150mm，安装在梯子平台附近的罐顶。量油孔离平台中心线应不小于 800mm，离罐顶边缘不小于 1000mm，并应避开加热器。轻质油罐的量油孔平时要盖严，防止罐内油气从此处逸入大气。为此，除依靠量油孔盖自重作用外，还应将螺栓上紧。量油孔一般为铸铁构件，为了防止关闭量油孔盖时因撞击而产生火花，盖上应安嵌软金属(铝或铜)、塑料或耐油橡胶制成的垫圈。量油孔内侧应装设铅或铜制的导向槽，以免钢卷尺与孔壁摩擦而发生火花。为使量油准确起见，有时在量油孔内标有刻度，并注明从罐底到刻度处的高度。

量油孔经常启闭，容易损坏而发生漏气，因此要定期鉴定其严密性。鉴定时，在孔的边缘上涂一层薄油漆，将孔盖轻轻盖上，用手加一定力，如衬垫上印有明显完整的痕迹，就可以认为合格。若痕迹残缺不全，说明孔盖已不严密，应更换垫圈。

11. 机械呼吸阀

呼吸阀安装于罐顶，用于自动控制油罐内外气体通道的启闭，维持油罐的压力平衡，对油罐的超压或超真空起保护作用，又可在一定范围内降低油品的蒸发损失。机械呼吸阀由压力阀和真空阀两部分组成，所以又称为压力真空阀。其工作原理如图 3-9所示。呼吸阀是利用阀盘(有时阀盘上加重块)的重量，来控制罐内的呼气压力和吸入的真空度。当罐内气体的压力超过油罐的允许压力值时，压力阀即被顶开，混合油气从罐内逸出(呼气)，使罐内的压力不再增高。当罐内气体的真空度超过油罐的允许真空度时，真空阀即被顶开，吸入空气(吸气)维持油罐压力平衡。压力在一定范围内，油罐不呼吸，所以呼吸阀在一定程度上减少了油品的蒸发损耗。呼吸阀控制的压力和真空度的数值应根据油罐结构本身的允许值来决定。选择呼吸阀型号时，要根据油品收发作业时的最大排量来确定。呼吸阀的直径大于250mm时，可选用两个不超过250mm的呼吸阀。对呼吸阀应经常检查，给螺栓加油，使阀杆上下滑动灵活，保持阀壳网罩完好，及时清扫灰尘、水珠，天冷时注意防冻。

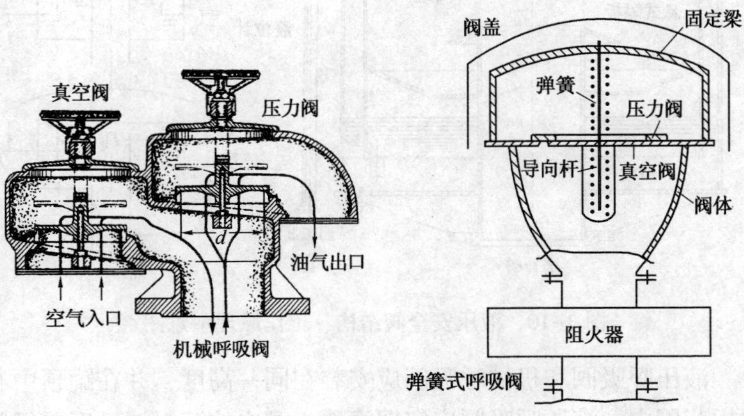

图3-9　呼吸阀结构、工作原理示意图

弹簧式呼吸阀因节省钢材、重量轻，可以减少罐顶的负载而得到广泛使用。

12. *液压呼吸阀(安全阀)*

机械呼吸阀有时因锈蚀或冰冻而发生故障，为了保证油罐的安全，常常再装设液压呼吸阀。液压呼吸阀控制的压力和真空度值一般都比机械呼吸阀高出10%，在正常情况下它是不动作的，只是在机械呼吸阀失灵或因其他原因罐内压力或真空度值超高时，它才工作，因此实际上它起着安全阀的作用，所以有时也称为液压安全阀。

为了保证在各种温度下液压呼吸阀都能正常工作，阀内应装有沸点高、不易挥发、凝点低的液体作为液封，如冬用轻柴油、甘油水溶液及乙二醇等。液压呼吸阀的工作原理如图 3-10。

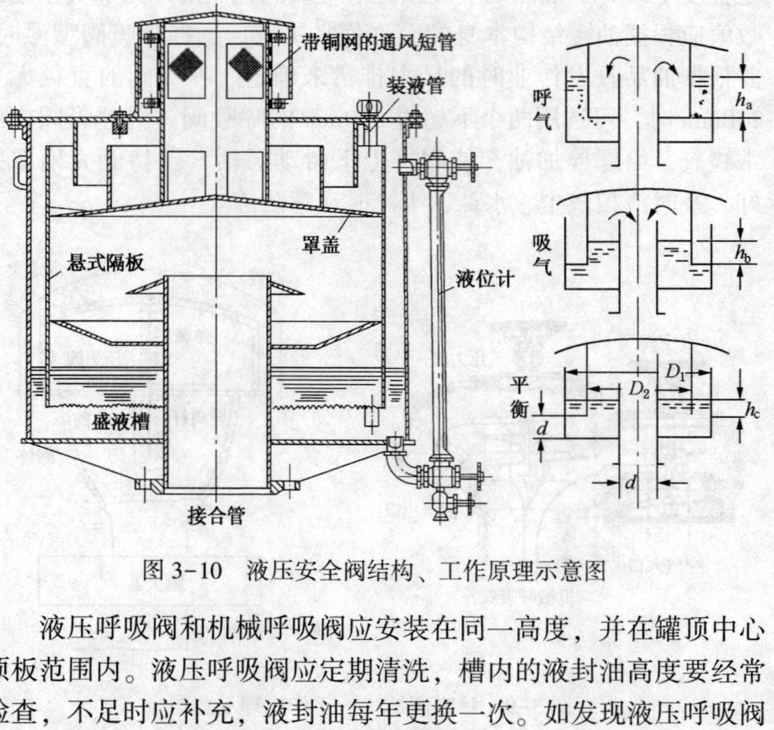

图 3-10　液压安全阀结构、工作原理示意图

液压呼吸阀和机械呼吸阀应安装在同一高度，并在罐顶中心顶板范围内。液压呼吸阀应定期清洗，槽内的液封油高度要经常检查，不足时应补充，液封油每年更换一次。如发现液压呼吸阀的液封油被消耗，应立即检查机械呼吸阀是否有故障，并对液压呼吸阀补充新油。

13. 阻火器

阻火器(防火器)是一种防火安全装置，箱式构造，内装许多由铜或铝等高热容量金属制成的皱纹板。阻火器应与机械呼吸阀或液压呼吸阀配套选用，并装设在机械或液压呼吸阀的下面，当少量火花通过阻火器时，金属板吸收其热量，使火焰熄灭。阻火器用来防止外界的火焰经机械呼吸阀引入罐内。油罐阻火器应清洁畅通，垫片严密，无腐蚀现象。每月检查一次，清洗阻火器可用蒸汽吹扫或煤油洗涤，螺栓应加油保护。

14. 呼吸阀挡板

设在呼吸阀和阻火器的下面，是伸入罐内一直径为 201～510mm 的圆形挡板。空气进入油罐时经挡板反射折向油罐四周，使气流不会直冲至油面，油面上油品蒸发浓度大的气体层就不会被冲散。因此，可减少油品蒸发损耗。

15. 通气短管

重质油罐不用呼吸阀，而用在罐顶中央的通气短管(一般为弯管)作为平衡油罐内压力的呼吸通道。通气管截面上装设有铜网或其他金属丝网，以防止火花或火焰引入油罐内。通气管截面上应装有钢丝。每季检查一次，检查防护网是否破损并清洗，冬季和风大地区应适当增加检查次数。

16. 避雷针和接地体

避雷针是一种我们最熟悉的防止直接雷击的保护装置，由受雷器、引下线和接地装置三部分组成。受雷器又称接闪器，即避雷针的针尖部分，通常是由直径为 10～12mm，长 1～2m 的钢棒或顶端打扁并焊接封口的直径为 20～25mm 镀锌管制成。引下线常用直径不小于 6mm 的圆钢或截面积不小于 $30mm^2$ 的扁钢制成，引下线应短而直，避免转弯和穿越铁管等闭合结构，以防止雷电流通过时造成电磁感应。若采用钢筋混凝土杆或钢结构的支架来支撑受雷器时，也可以利用钢筋或钢结构支架的本体作为接地引下线，而不必另设引下线。

防雷设备的接地装置是用来向大地引泄雷电流装置的总称，由接地线和埋没在土壤中的金属导体(接地体)两部分组成。金属油罐可利用罐壁作为接地引线，但连接油罐与接地体的引下线必须焊接在油罐体的下边缘地方。每个油罐都应采用重复接地，即接地体不得小于 2 组。

17. 泡沫发生器

地上油罐常采用固定式或半固定式泡沫灭火系统，在轻质油罐最上层圈板上相应地装有泡沫发生器。油罐万一发生火灾时，泡沫液在压力的作用下，冲开发生器的隔膜，沿着泡沫管经喷射装置进到油面上，以隔绝空气窒息火焰。隔膜是防止油品蒸气泄漏用的，可采用油纸膜、铅板膜、玻璃片等。油罐根据容积大小装设一定数目的泡沫发生器。目前，油罐泡沫消防设施主要有：空气泡沫灭火系统、氟蛋白泡沫液下喷射灭火系统。

18. 油罐冷却水喷淋系统

该系统的作用是本罐或相邻罐着火时，喷水降温以防火灾蔓延。冷却水喷淋系统管一般是围绕油罐顶圈壁板设计为两个半圆环状或 4 个 1/4 圆环状。

19. 加热器

储存重油、润滑油、原油、蜡油等黏度大、凝点高的油品时，油罐中需设置加热器，用于油料的加热或维持温度，以保持油料的流动性或满足工艺要求的温度。常用的加热器有排管式和 U 形管式两种，加热器内流动的蒸气或热水的热量通过加热器散热，使油品升温。加热器在长期的使用中，由于温度变化大，使金属胀缩，在管壁和接头焊缝处产生裂纹、锈蚀引起泄漏，所以在日常作业检查中，应注意冷凝水中有无带油现象，油罐底部有无底水增加的现象等，不使用时应打开排水阀排出积水，入冬前注意检查，消除隐患。

20. 油罐搅拌器

用于油品调合或防止油品中沉积物积聚的机械设备，一般安装于润滑油罐，也安装于大型原油罐。应用较多的为侧向伸入式搅拌器。

21. 调合喷嘴

在采用泵—罐循环法调合(罐调合)油品时，为提高调合效率、缩短调合时间而设置的专用设备。

以上为拱顶罐所适用的油罐附件或附属设备，有些也适用于浮顶油罐和内浮顶油罐，油罐的主要附件或附属设备的结构及作用汇总于表 3-3。呼吸阀、阻火器、呼吸阀挡板、空气泡沫产生器等是保证油罐安全用的轻油和原油罐的专用附件，通气管、加热器、起落管、油罐机械搅拌器等是重油、润滑油罐的专用附件。选用时应根据储存油品性质、操作要求及其他工艺条件等因素加以确定。

表 3-3　油罐主要附件及附属设备概述

名　称	结构及作用		专用
	A. 油品收发及计量		
进出油接合管	焊在底圈壁板上，内与保险活门或起落管连接，外与进出油罐的支管相连	进出油；防罐底水、杂质随油品排出	
保险阀门	备用阀	防止油品漏失	
起落管	发油管出口高度可调	选择取油，防止水、沉渣进入发油管，保险阀门作用	润滑油、重油
机械呼吸阀	压力控制阀、真空控制阀	超压保护、减少蒸发损失	易挥发油品
液压安全阀	机械呼吸阀的备用、配套	机械呼吸阀失灵后启用	易挥发油品
通气管	收发油时气体的呼吸通道	平衡油罐压力	重质油
油罐测量仪表	液位计、温度计、压力表	检测液位、测温、测压	
量油孔	孔盖边缘、量油孔内侧设置防火花材料	检尺油高、取样、测温	
加热器	蒸汽管、罐下部、坡度利于排水	加热保温	重质油、原油
排水管	虹吸管	脱水排水	
	B. 检修及清罐		
排污孔或清扫孔	低于罐底	清罐排污	
人　孔	装于罐壁	检修进出，采光、透气	
透光孔	装于罐顶	采光、透气	

续表

名　称	结构及作用		专用
	C. 油品调合		
油罐搅拌器		调合、防沉淀	
调合喷嘴		提高调合效率	
	D. 安全防火		
阻火器	多层高热容量金属网	防止明火传入罐内	易挥发油品
液位报警器		液位过高、过低报警	
防雷、防静电装置		及时导走雷电、静电	
空气泡沫产生器	喷嘴设在罐内顶圈	罐内灭火	
油罐冷却水喷淋系统		降温	

三、拱顶罐系列

拱顶罐具有施工容易、造价低、钢材单耗低等优点，因而得到广泛应用。为了利于备料和施工机具准备，加快建造速度，形成了系列设计。表 3-4 为中国石化工程建设公司的拱顶罐系列。

表 3-4　拱顶油罐系列表

容积/m^3		钢材总用量/kg	各圈壁板厚度/mm								
公称	计算		底	2	3	4	5	6	7	8	顶
100	110	4238	4	4	4	4	4	—	—	—	—
200	220	6717	4	4	4	4	4	4	—	—	—
300	330	8820	4	4	4	4	4	4	—	—	—
400	440	10590	4	4	4	4	4	4	4	—	—
500	550	13800	4.5	4.5	1.5	4.5	4.5	4.5	4.5	4.5	—
700	770	17385	4.5	4.5	1.5	4.5	4.5	4.5	4.5	4.5	—
1000	1100	25400	6	5	5	5	5	5	5	5	5
2000	2200	43880	8	7	6	5	5	5	5	5	5
3000	3300	61510	9	8	7	6	5	5	5	5	5
5000	5500	110280	12	12	9	8	7	6	6	6	6
10000	10700	210450	13	16	14	12	10	8	7	7	7

续表

底板厚度/mm		油罐尺寸/mm			
边板	中幅	底内径(D)	罐总高(H)	壁板高度(H_1)	拱顶高(h)
4	4	5172	5870	5300	566
4	4	6620	7197	6470	723
4	4	7750	7920	7070	846
4	4	8288	9148	8240	904
4.5	4.5	8988	9794	8810	979
4.5	4.5	10288	10533	9410	1119
5	5	11580	11847	10580	1262
6	5	15781	13710	11370	1735
6	5	18992	13851	11760	2085
8	6	23760	15143	12530	2605
9	6	31282	17504	14070	3425

技术经济分析结果表明，从耗材、蒸发损失等方面考虑，拱顶罐容量不宜太大，一般在10000m^3以内。

拱顶罐的设计压力一般为：正压1.06kPa(200mmH_2O)，负压0.49kPa(50mmH_2O)。试验压力为：正压2.16kPa(220mmH_2O)，负压1.77 kPa（180mmH_2O)。拱顶罐顶部留有一定容量的气相空间，会使罐内油品的蒸发损耗增加，主要用于储存低蒸气压油品，如柴油、润滑油、燃料油、渣油、液体沥青、石蜡以及闪点大于等于60℃的各种馏分油。储存热油时，其油温不得超过200℃。

第二节　浮顶罐

根据油罐壳体是否封顶，浮顶油罐可分敞开式浮顶油罐，亦称外浮顶油罐(简称浮顶罐，如图3-11)和内浮顶油罐两种形式。外浮顶油罐是将浮顶装在上部开口的立式金属圆筒形油罐的液面之上，而内浮顶油罐是将浮顶装在拱顶油罐内液面之上。尽管安装形态不同，但圆形浮盘都浮于油面之上，它把液面和大气空间隔开，油品蒸发的自由表面小，气体空间体积不随收发油作业变化，呼吸量少，因而大大减少了油品蒸发损耗，降低了油气对大

图 3-11　浮顶油罐外观图

气环境的污染，并减少了火灾危险性。虽然建造浮顶油罐消耗钢材多，一次性投资大，但它可从降低油品损耗中得到补偿。因此，各油田、炼油厂及大型石油库，广泛用其来盛装原油、汽油、溶剂油或其他高挥发性油品。

一、浮顶

1. 浮盘

浮顶的结构有单盘和双盘两种形式。容积 1000~5000m^3 的浮顶油罐采用双盘式，特点是隔热性能好，多用于轻质油罐；容积大于 5000m^3 的多采用单盘式浮顶，目的是节省钢材。单双盘各有优缺点，实际设计、建设过程中，应综合考虑建罐地区的地理位置、腐蚀状况、操作工况、业主要求等来选择浮盘的结构形式。基于综合各因素考虑，大型储罐的浮顶采用双盘式浮顶成为趋势。[3]

双盘式有上、下两层盖板，盖板之间由边缘环板、径向隔板和环向隔板分隔为若干互不相通、互不渗漏的隔舱。单盘式浮顶的周边为环形浮船，中间为单层钢板，单层钢板与浮船之间用连接角钢连接。环形浮船的断面为梯形，内、外两侧钢板称为内边缘板和外边缘板，上面钢板称为浮船顶板，下面钢板称为浮船底板。浮船的宽度(即梯形断面的高)以及内、外边缘板的宽度应根据要求的浮力通过计算确定。浮船内部同样由径向隔板分隔为若干互不连通的隔舱，以防个别隔舱渗漏时造成浮顶下沉。浮船顶板和底板均应有倾向中央的坡度，一般不小于 1.5%。顶板坡度是为了排除雨水，底板坡度是为了使油面上的气汇聚于单盘的边缘，以便压力达到一定数值后由盘边的透气阀排出。由于中心板为单板，在阳光直接照射下，可能导致高挥发性油品沸腾，不适宜用于储存轻质油品。浮顶结构如图 3-12 所示。

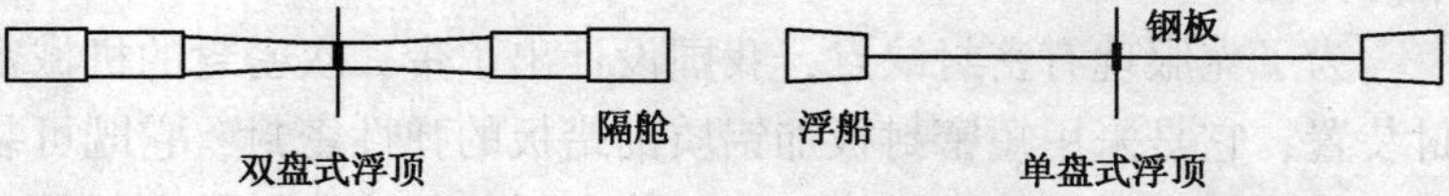

图 3-12　浮顶结构示意图

2. 密封装置

为保证浮顶能随液面升降而上下移动，在浮顶与周围罐壁间应留出 200~300mm 间隙，在浮顶间隙处，浮顶外缘装有密封装置以防油品蒸气从这个间隙中逸出。从而达到以下目的：减少油品的蒸发损失，防止风沙、尘土、雨雪对油品的污染。

浮顶罐在结构上一般差别不是很大，主要区别在密封装置上。而浮顶油罐使用效果好坏，很大程度取决于密封装置的可靠性及其严密性。密封装置种类很多，大致可分为三大类：①机械密封装置：金属滑片、压紧装置和橡胶织物，早期采用较多；②弹性填料密封装置：用尼龙布袋(滑行)和软泡沫塑料(弹性)作密封料，密封装置上装风雨挡，运动灵活、严密性好，不耐磨(涂内涂层)；③管式密封装置：由耐油密封管和吊带组成。目前，多使用弹性填料密封或管式密封，统称为软密封。软密封储存轻质油品，与拱顶罐相比可减少蒸发损耗 90%以上。图 3-13 为软密封装置结构示意图。

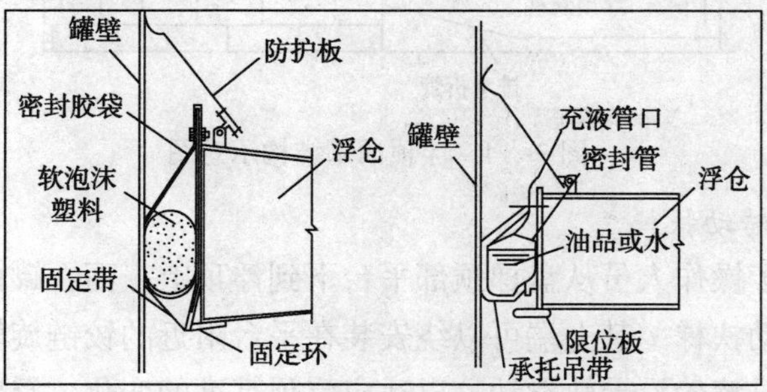

图 3-13　软密封装置结构示意图

对密封装置的要求：耐油、耐水、抗磨、耐用、简单、安装维修方便。

为了克服现有密封缺点，我国设计出了带二次密封的机械密封装置，它是采用短密封板加铝质刮蜡板的弹性密封，它既可装在机械密封金属滑板的上缘，也可装在浮船外缘非机械密封的环板上缘。它是依靠弹簧板的反弹力来压紧罐壁，利用包覆在弹簧板上的软塑料制品来实现二次密封。这种二次密封装置适用于盛装原油的浮顶油罐，其特点是密封效果好，寿命长，使用可靠，造价低，施工方便。

二、浮顶罐专用附件

浮顶油罐结构如图 3-14 所示。与拱顶罐相比，浮顶油罐必须具有以下特点：①罐壁圈板直线对接，内壁取平；②顶圈设置抗风圈，罐壁设加强圈，以解决好风载作用下罐壁的失稳问题。为了方便生产管理和维修，浮顶油罐还设有不同于拱顶罐的附件。

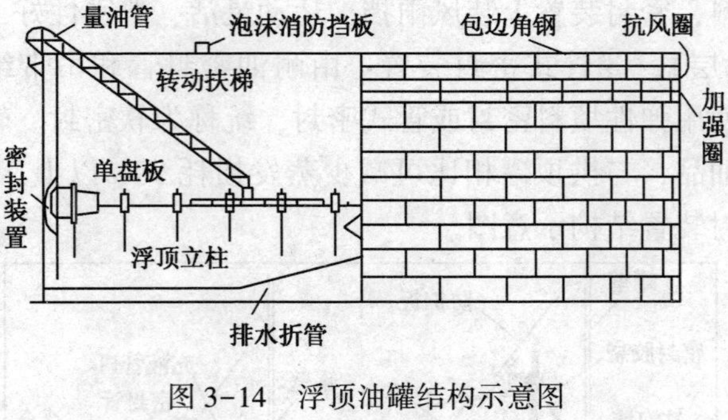

图 3-14　浮顶油罐结构示意图

1. 转动扶梯

为了操作人员从盘梯顶部平台下到浮顶上，而在罐内浮顶上设置转动扶梯。其上端可以绕安装在平台附近的铰链旋转，下端可以通过滚轮沿导轨滑动，以适应浮顶高度的变化。浮船顶降到最低位置时仰角最大，但应不大于60°。

2. 浮顶立柱

浮顶立柱是环向分布安装于浮顶下部的支柱，其长度可在1.2~1.8m间调节，有如多脚圆桌一样浮于液面。正常作业时立柱高1.2m，保证液面较低时浮船与罐内的加热盘管等附件不相撞；检修或清罐时立柱高度调至1.8m，罐底与浮顶之间得有足够作业空间。

3. 中央排水管

为了及时排放汇集于浮顶上的雨水，在浮盘中心设置排水管。中央排水管由几段浸入于油品中的钢管组成，管段与管段之间用活动接头连接，可以随浮顶的高度而伸直和折曲，所以又称排水折管。

4. 量油管

量油管为操作人员检尺、测温、取样而设，同时也对浮顶起定位导向以及防止浮盘水平旋转的限位作用，所以也称量油导向管。其结构见图3-15，量油管垂直穿过浮盘，底端固定于距罐板200mm的肋板上，上部固定于罐壁顶圈的操作平台，顶端装有量油孔盖(结构同普通拱顶油罐的量油孔一样)，并在侧向设有通气孔。在浮盘上安装有铜制导向轮，以防浮盘升降时与导向管摩擦产生火花。为防止油品泄漏，在导向轮座与浮盘连接处以及导向管与罐顶连接处都装有填料盒密封。

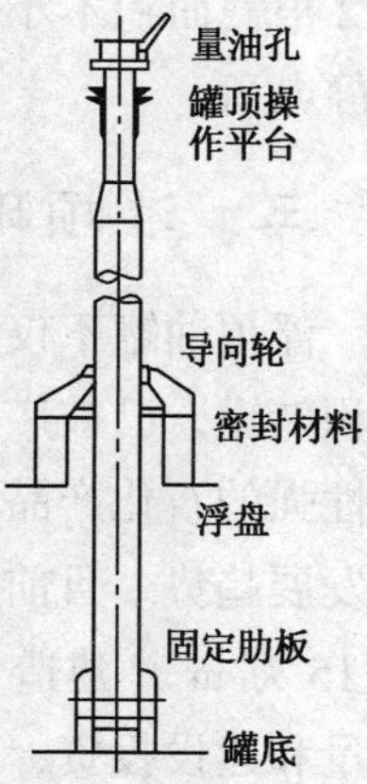

图3-15 量油管结构示意图

5. 自动通风阀

该阀设于浮顶上，是浮顶上的安全保护装置。当浮盘立柱落于罐底时，通风阀自动开启，使罐底与浮顶之间的空间与大气相通，以免继续发油时在此空间造成真空，或低液面进油时在浮顶与油面间形成空气夹层。

6. 紧急排水口

是中央排水管的备用安全装置。如果排水折管失效，浮顶上的雨水聚积到一定高度时，则积水可由紧急排水口排入罐内，以防浮顶由于负载过重而沉没。

7. 隔舱人孔

为操作人员进入隔舱检查有无渗漏或维修而设置。

8. 浮顶人孔

供油罐检修时通风、采光及操作人员出入而设置。

9. 静电引出线

由于浮盘和罐壁间多用绝缘物作密封材料，在进出油作业过程中，浮盘上会积聚大量静电荷。所以，在浮盘和罐壁之间需安装2根截面积不小于 $25mm^2$ 的软铜绞线，以导走积聚在浮盘上的静电荷。

三、浮顶罐系列

浮顶油罐不仅可以降低油品蒸发损失，而且特别适宜建造大容积储罐，已被广泛用于储存原油、汽油、石脑油、溶剂油等挥发性强的石化产品。建设10万 m^3 以上容积的超大型浮顶油罐成为发展趋势。目前，世界上最大的浮顶油罐24万 m^3，国内最大为15万 m^3。建造大容量油罐不仅可以节省单位储油容积的钢材耗量和建设投资，而且可以减少罐区的占地面积，节省油罐附件和罐区管网。

中国石化广州工程公司的浮顶油罐系列数据列于表3-5。

表3-5 浮顶油罐系列表

容积/m^3		钢材总用量/kg	油罐尺寸/mm		
公称	计算		罐壁内径	罐板高度	罐总高
1000	1080	40630	12000	9480	10480
2000	2100	59800	14500	12640	13640
3000	3057	82690	16500	14220	15220
5000	5440	122950	22000	14220	15220
7000	7893	172050	26500	14220	15220

续表

容积/m^3		钢材总用量/kg	油罐尺寸/mm		
公　称	计　算		罐壁内径	罐板高度	罐总高
10000	10137	224000	28500	15800	16800
20000	20470	336280	40500	15800	16800
30000	32224	505570	46000	19300	20300
50000	54824	990000	60000	19300	20300
70000	76260	1266000	67000	21510	22510
100000	109578	1700000	80000	21800	22800

第三节　内浮顶罐

由于外浮顶油罐的浮顶直接暴露于大气，储存的油品容易被雨雪、沙尘沾污，故而外浮顶罐多用来储存原油，较少用于储存成品油。开发内浮顶油罐是针对拱顶罐油品蒸发损耗大，既污染大气又不够安全而设计的。采用内浮顶油罐安全可靠，施工方便，成本较低，特别是储存轻质油品比拱顶罐可减少损耗95%~97%。因此，它为拱顶罐改造找到了一条比较理想的结构形式。

目前，内浮顶主要用轻型钢材或铝合金板材制成，也有用各种复合材料的。钢浮盘用焊接方法制造，铝制浮盘用螺栓连接而成。浮顶结构有隔舱式、浮船式和浮盘式多种。内浮顶的密封装置比较简单，通常采用弹性材料密封，即舌形密封带，用压条和螺栓紧固在浮盘周围的堰板上，接合部位都涂上耐油密封胶。

为了导走浮顶上积聚的静电，在浮顶与罐壁之间连接有静电引出导线。为防止油气在内浮顶与罐顶之空间积聚到爆炸极限，在拱顶上特别是罐壁上层圈板四周都开有足够数量的通气孔，使浮顶上部空间能和罐外形成气体对流，借以充分排除罐内积存的油气，从而达到油罐安全使用的目的。

内浮顶油罐比拱顶油罐多设了浮盘、比浮顶油罐多加了罐顶，兼有拱顶油罐和浮顶油罐两者特点(见表3-6)。它不仅使油品蒸发损失大大降低，而且雨雪、风沙和灰尘也不会落入罐内，广泛用于储存航空汽油、喷气燃料、汽油、溶剂油等质量要求严格的挥发性油品。内浮顶油罐设计系列与拱顶油罐类似，内浮顶油罐的结构示意图见图3-16。

表3-6 内浮顶油罐的结构特点

与拱顶罐比	与浮顶罐比
①罐内增加浮盘； ②罐壁顶部开设罐壁通气孔，换气，降低油气浓度，防爆； ③取消呼吸阀及液压安全阀，用罐顶中心通气孔； ④量油管取代量油孔	①罐小有顶，不需抗风圈和加强圈，组装式铝合金浮盘； ②取消中央排水管、紧急排水口、转动扶梯，增设高位带芯人孔(罐壁平)

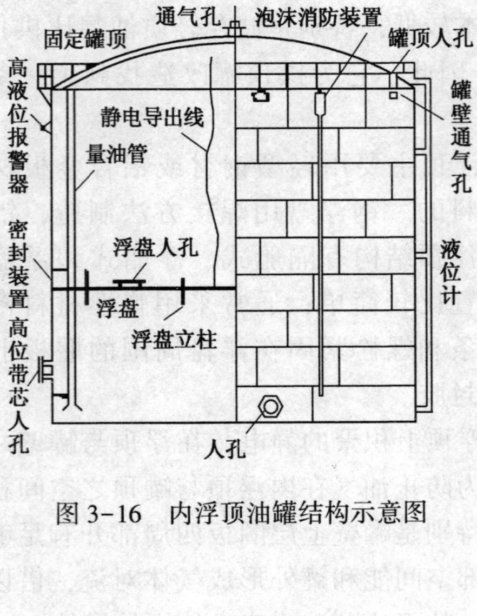

图3-16 内浮顶油罐结构示意图

第四节　压力油罐

一、卧式圆柱形钢油罐

卧式圆柱形钢油罐一般简称卧式罐。其优点是能承受较高的正压和负压(0.01～4MPa)，有利于减少油品蒸发损失，适于作液化气低沸点油品的储罐及工艺罐。容量小(通常不大于100m³)，可成批制造，搬运和拆迁方便，机动性强，适用于品牌多产量少(如润滑油)的油品储存；但钢材单耗大，单位储量占地面积大。

卧式油罐常用于小型分配油库、农村油库、城市加油站、部队野战油库或企业附属油库。在大型油库也常用作附属油罐，如放空罐和计量罐。在炼油厂、石油化工厂广泛用作各种生产过程的工艺容器。

卧式罐的结构包括筒体和封头(头盖)两部分(如图3-17)。蝶形封头罐承压能力较高，一般用于压力容器；平封头罐承压能力较低，一般用于常压储存。卧式罐作一般油料储罐、工艺罐时，附件有进出油管、人孔、排污-放水管、呼吸阀或通气管等，其作用与立式罐相同。卧式罐作为压力容器储存液化气等高蒸气压产品时，其附件与球罐相同。蒸馏塔回流工艺罐的结构示意如图3-18。

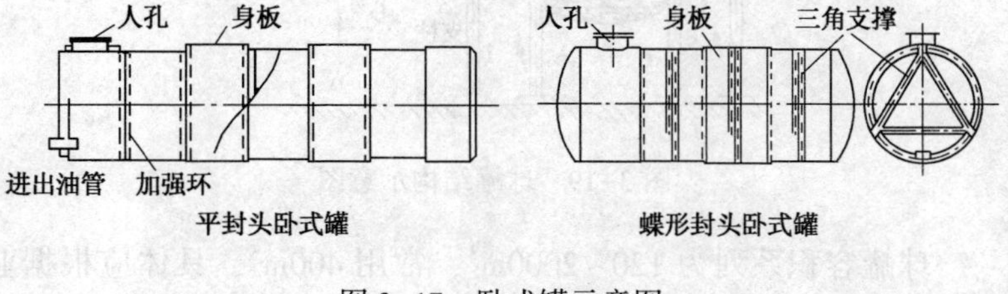

图3-17　卧式罐示意图

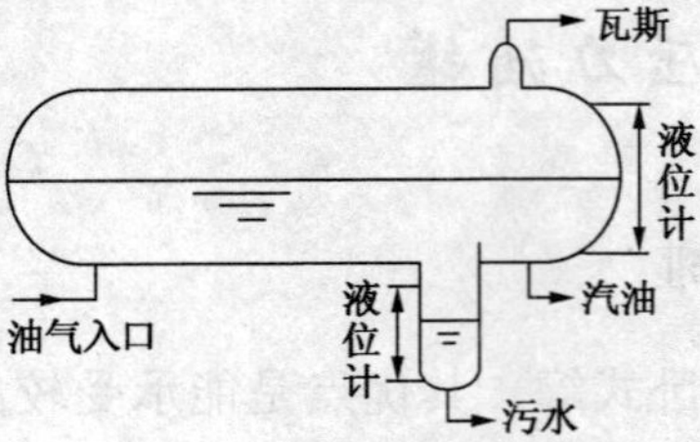

图 3-18　蒸馏塔顶回流
（油、水、气分离）罐

二、球罐

球罐是应用较为广泛的压力容器。与圆柱形储罐相比，球罐的优点是：（体积）比表面积最小，占地面积少；直径和壁厚相同的球罐的承压能力是圆柱形罐的两倍，因此钢材单耗低；承压能力强（0.45～3MPa），可中、低压密闭储存，减少蒸发损失。其缺点是：制造技术要求高、制造成本高。

球罐由球壳、支柱及其附件组成（如图 3-19）。球壳是球罐的主体，由许多块在工厂预制成一定形状的钢板在现场组装、焊接而成。球罐的壁厚取决于它的设计温度、设计压力和所选用钢材的机械性能。球罐的附件或附属设施主要有人孔、进出料接合管、放水管、液位计、温度计、压力表、高低液位报警器及安全阀等。

图 3-19　球罐结构示意图

球罐容积系列为 120～2000m³，常用 400m³，具体应根据业务要求及技术经济分析选用。球罐主要用于液化石油气、丙烷、丙烯、丁烯等低沸点石油化工原料和产品的密闭储存。

常用金属油罐情况汇总于表 3–7。为了减少外界辐射热源的影响，减少轻油类货物的挥发损失和体积膨胀，储装轻油的罐体外部涂刷成银白色。因在低温易凝，储运原油等黏油需加热保温，因此，储装黏油罐体外表面涂成可吸热的黑色。

表 3–7　各种金属油罐的特点及应用范围

类型		结构特点	适宜储存的油品	优　点	缺　点
常压储罐	拱顶罐	弱顶结构； 正压 1. 06kPa； 负压 0. 49kPa； 容量≤3 万 m^3	低蒸气压油品，闪点≥60℃的各种馏分油及重油； 作调合罐	施工容易、造价低、钢材单耗低	呼吸蒸发损耗大
	浮顶罐	1000～5000m^3 采用双盘式，＞5000m^3 采用单盘式浮顶； 容量大有利，国内最大 15 万 m^3，国外 24 万 m^3	原油、车用汽油、溶剂油等易挥发油品	蒸发损失少	易被沙尘、雨雪污染
	内浮顶罐	拱顶罐加浮盘； 浮顶罐加罐顶； <5000m^3	航空汽油、喷气燃料、芳烃、溶剂油、车用汽油、重整原料油、原油等	兼有拱顶罐及浮顶罐的优点	造价高
压力储罐	卧式罐	容量小,通常≤100m^3； 承压 0. 01～4MPa	液化石油气、低沸点油品的储罐及工艺罐； 液氨、化学药剂	承压范围广，机动性强，可成批制造；可中、低压密闭储存，减少蒸发损失	钢材单耗大
	球罐	容量 120～2000m^3； 常用 400m^3； 承压 0. 45～3MPa	液化石油气、丙烷、丁烷等高蒸气压石油化工原料及产品的密闭储罐	比表面积最小；承压能力强；占地面积小；可中、低压密闭储存，减少蒸发损失	制造技术要求高，成本高

第四章　石油运输及装卸

按运输工具分，石油运输有铁路运输、水路运输、管道运输和公路运输等 4 种形式，相对消耗比较见表 4-1。采取何种形式取决于运输量、距离远近、产品发运流向和发运方式以及当地交通条件和自然条件等。

表 4-1　国内四种方式运输石油的燃料消耗、成本和损耗率

输送方式	管　道	铁　路	水　运	公　路
燃料消耗比	1	2	0.5	8.5
成本/(元/t·km)	0.008	0.010	0.007	0.156
损耗率/%	0.20~0.30	0.71	0.45	0.45
适用范围	石油、各种油品，长距离、短距离，装置间、装置内单元间，应用广泛	喷气燃料等专供产品，特供原料等	石油、各种油品等大宗物流	销售、使用终端供货

第一节　石油的公路和铁路运输

一、公路运输

公路运输是采用汽车油罐车或桶装货运汽车运输石油及其产品的方式。公路运输周转快、机动灵活，特别适用于短线、小批量产品以及近距离无铁路、无水路运输条件地区的石油运输。

(一) 汽车罐车

汽车罐车是散装油品公路运输的专用工具。汽车油罐车的设计、制造、安装和使用均应符合易燃易爆石油化工产品的有关安全规定，其类型、结构、附件等见表 4-2、图 4-1。

表 4-2　汽车罐车类型及附件

项　目	内　容	备　注
罐车类型	①轻油；②液化石油气；③润滑油；④重油；⑤液体沥青；⑥化工产品；⑦液化天然气	各类型罐结构、附件、材质、要求不同，不能混用
载重量	3~20t(国外有 $50m^3$ 罐，分多格)	国内有 $100m^3$ 的非标准车
油罐形状	①圆柱形；②椭圆柱形。 分 3 个或多个连通的隔舱，减少水力冲击	
罐车附件	罐顶有：①量油孔(连有伸进罐底的量油导管)；②人孔；③呼吸阀、安全阀。罐底有：④排水阀；⑤排油阀。车身有：⑥扶梯；⑦工具箱；⑧灭火器；⑨拖地铁链。黏油罐车还有加热、保温设施	不同类型罐车的附件不同； 有些罐车自带有输油泵

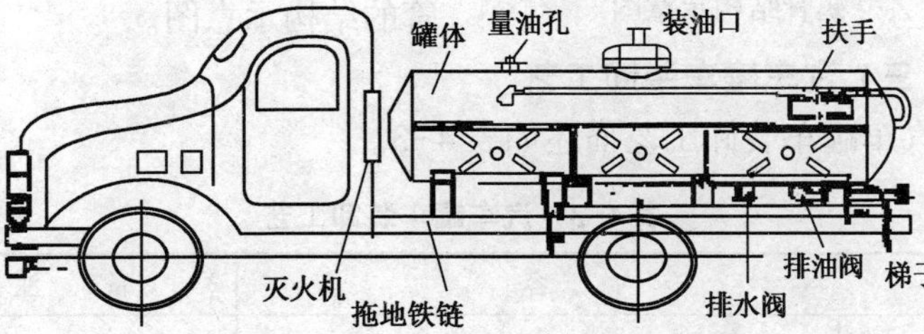

图 4-1　汽车罐车外观结构示意图

(二) 装卸油台及鹤管

在炼油厂、油库、石油港口均设有供汽车、火车装卸石油的装卸油台(栈台)。按性质分类设置：①轻油；②重油；③润滑油；④液化气；⑤液体沥青；⑥化工产品等装卸油台。要求安全设施：①设遮阳防雨棚；②采取防火、防爆、防静电措施；③建筑物间距应符合规定；④输油臂、罐车均应防静电接地。设置位置的基本原则：①作业区下风侧(安全)；②靠公路或铁路的厂边缘(有时需设专用铁路作业线)。

汽车罐车装卸油台是为操作工人登上罐车启闭人孔开关、检尺、取样和操作鹤管而设置。装卸油台有通过式和旁靠式，选用何种形式应根据车位多少、场地大小、自动化程度、装卸油品种类等因素来确定。

鹤管(输油臂)是罐车装卸油品的专用设备，一端与地面油罐相连的汇油管固定连接，另一端与罐车活动连接或直接由罐顶人孔插入罐车内。鹤管的特点是灵活可调，可手动操作或气动操作，以达到固定油罐与罐车的连接。有敞口喷溅式、敞口浸没式、密闭式等多种形式。图 4-2 是其中一种鹤管的结构示意图。

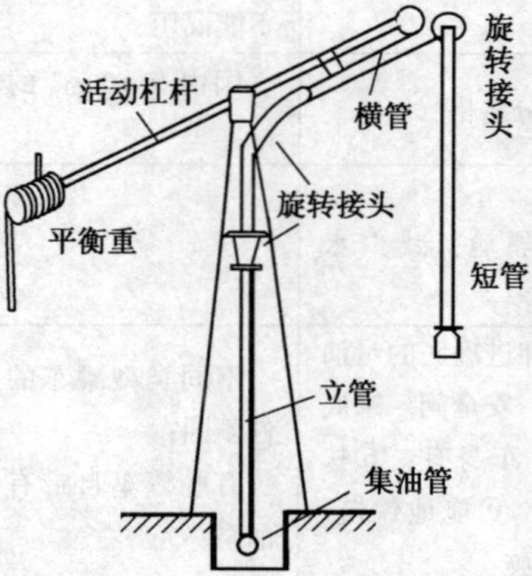

图 4-2　固定式万向鹤管结构示意图

(三) 汽车罐车装卸工艺

汽车罐车装卸工艺描述如表 4-3。

表 4-3　汽车罐车装卸工艺

项目		内容	备注
装车方式	泵送	储罐中油用泵抽出，经输油管道、流量计、装车鹤管进入汽车罐车	轻油流速≯4.5m/s，黏油、沥青流速小一些，液化气流速≯3m/s。及时导走静电
	自流	①高位储罐自流； ②将油从储罐泵至高架罐(中间罐)后自流	
装油方式		①上装(国内通用)； ②下装(液化气、机场飞机加油车、国外通用) 敞口喷溅式、敞口浸没式、密闭式	控制流速：降低损耗、减少静电；充分考虑节能、环保(绿色友好)
卸车方式	泵送	用泵将罐车中油送至用户储罐	罐车(加油车)自带泵、流量计
	自流	罐车中油自流至用户低位储罐	一般运油车

续表

项目	内　容	备　注
计量	①流量计；②汽车衡(地磅)	
油气处理	轻油装油时排出的油气集中回收	①吸收法；②吸附法；③冷凝法；④综合法
	建立油气焚烧系统集中焚烧	分散量少时，更经济可行
工艺	工艺流程参数应根据具体情况确定	考虑技术、经济可行性

二、铁路运输

全国有60%~70%成品油由铁路运输来输送、转运。铁路运输具有机动灵活、流向范围广、较安全可靠、受自然因素影响小等优点。但铁路运输与管道运输相比，存在着装卸环节多、油料损耗大、污染环境、双向占用铁路运力、铁路部门计划限制性强、运输效率低、成本高等缺点。

(一) 铁路油罐车

铁路油罐车(也称槽车)是散装油品铁路运输的专用车辆，由罐体及其附件、底架、转向架、自动装置、牵引缓冲装置等组成，其外观结构如图4-3。

有些罐车直接以油罐体为支撑车架，称为无底架油罐车，其具有净载重系数大、重心低、运行平稳性高、节省钢材等优点。罐体有两种：①设空气包：2%~3%罐体体积，圆形或椭圆形体，加工复杂、不易清罐。②不设空气包：限制装油高度、难控。

罐体均有人孔、人孔盖、外梯、内梯、操作平台及护栏等附件。根据装运油品类别，铁路罐车又分为轻油罐车、黏油罐车及液化气罐车，见表4-4。

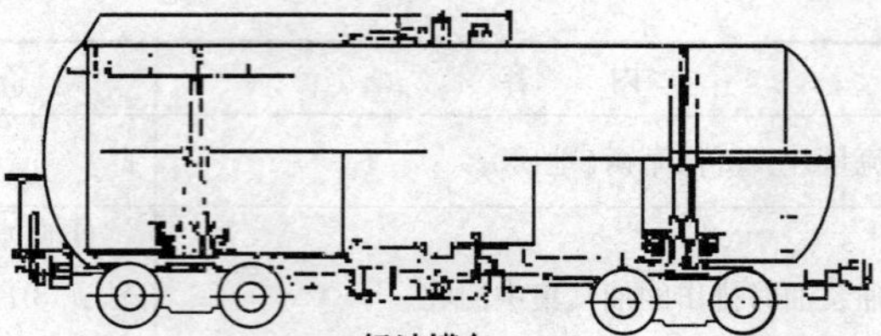

轻油罐车

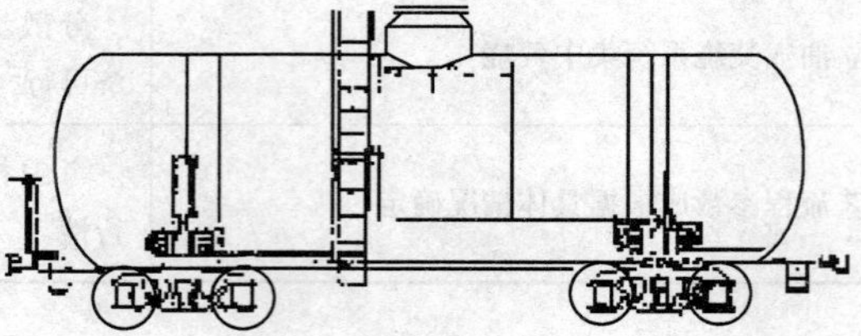

黏油罐车

图 4-3　铁路油罐车外形结构图

表 4-4　几种油罐车比较

罐车类型	轻油罐车	黏油罐车	液化气罐车
装载油品	汽、煤、柴、溶剂油等	原油、润滑油、重油等	石油液化气、液化丁烷气等
装卸方式	上装上卸，罐底油集油窝，敞口浸入式装油，或密闭装油	上装下卸，敞口喷溅装油	上装上卸，高于介质临界压力下密闭装卸。注意液位检测控制
压力控制	呼吸安全阀控制 正压：0. 15MPa 负压：-0. 02MPa	呼吸安全阀控制 正压：0. 15MPa 负压：-0. 02MPa	安全阀控制 压力：1. 8~2. 2MPa 温度：-40~50℃
专用附件	呼吸阀、安全阀	呼吸阀、安全阀、蒸汽加热装置	安全阀、液位检测仪表
安　全	防火、防爆		防火、防爆

黏油罐车设有下卸装置，由安装在罐车底部正下方的中心排

油阀，将油引导到罐车两侧的三通短管以及短管端部的侧排油阀和盖组成。液化气罐车顶部装有遮阳罩，用来减少外部辐射热能的影响。

目前国内主型罐车的有效容积有 $50m^3$ 及 $60m^3$ 两种，罐长度 10m 左右。绝大部分铁路罐车由铁路部门设计、制造、营运、检定、维修和统一管理，另有一小部分是企业自备车辆。

（二）装卸栈台及装卸鹤管

铁路装卸栈台与公路装卸油台的分类、形式、消防要求等类似，安装要求更高、规模更大，需设专用铁路作业线。铁路油栈台的配套设施及要求：①设有事故车处理货位；②灭火消防器材；③防静电接地；④照明灯、电气设备需防爆；⑤设有可燃气体检测报警装置；⑥作业信号灯；⑦采用整体道床，设冲洗水、蒸汽和排水沟。

铁路装卸鹤管比公路装卸鹤管要求更高、种类更多。要求鹤管具有足够的长度及移动空间(高度、水平距离)，以保证实现列车进入装卸栈台后达到不摘钩对位、浸没式装油和卸油作业的要求，并满足安全要求。还要求鹤管气密性好、轻便灵活、操作方便。鹤管分类情况见表 4-5。

表 4-5　鹤管类型

分类依据	作业性质	鹤管口径	驱动方式	密闭性
鹤管类型	装油鹤管、卸油鹤管、装卸油两用鹤管	小鹤管(DN100mm)、大鹤管(DN200mm)	手动、气动、马达驱动、气缸活塞杆驱动	敞开式、密闭式

小鹤管大体上由固定立管、水平管、垂直管、旋转接头和力矩平衡装置组成(如图 4-2)。其类型有：①位移配重式轻油装卸鹤管；②压簧平衡式装卸鹤管；③气动密闭装车鹤管；④气动带手动密闭装车鹤管等。

大鹤管需配有鹤管升降、移动机械装置和机车牵引装置。大鹤管与小鹤管的特点比较见表 4-6。

表 4-6　大、小鹤管特点

大鹤管特点	大 鹤 管	小 鹤 管
单车($50m^3$)装油流量大、速度快	6~8min	25~30min
鹤管数少、栈台短	栈台一侧设一个鹤管，栈台长 36m	每个车位设一个鹤管，栈台长度与车位数量成正比
便于集中控制、实现自动化	劳动强度低、作业安全可靠、劳动效率高	
列车逐个间歇移动、辅助作业时间长	利用牵引装置移动列车对位，然后利用大鹤管本身行走机构进行微调，使罐车与鹤管对位	
投资大、占地面积大	铁路专用线长比小鹤管装车栈台要长一倍左右	

此外，还有专用于黏油罐车下卸作业的黏油下卸鹤管。由钢管(*DN*100mm)和滚珠轴承式旋转接头组成，采用压簧平衡，采用耐高温、抗老化的氟橡胶密封，具有密封性能好、操作安全灵活、工作范围大、与罐车对接方便等优点。作业完毕后，鹤管可回复到收拢状态，鹤管内残余油料容易排空，避免了对环境的污染和资源浪费。

(三) 铁路装卸油系统

1. 装车系统

装车系统由油泵、装车总管、支管和装油鹤管组成。目前均采用装油鹤管从人孔放入罐车的上装方式装车。装油操作可分为敞口喷溅式、敞口浸没式、密闭浸没式，如图 4-4。密闭浸没式装车可进行油气回收，不仅使装油损耗降至最低，而且可改善工作环境、基本消除对大气的污染、消除安全隐患。目前汽油、石脑油、芳烃等轻质油品采用这种装车方式。

小鹤管布置如图 4-5、图 4-6、图 4-7 及图 4-8，各鹤管间距与罐车长对应，不同油料鹤管采用相互间隔方法布置。

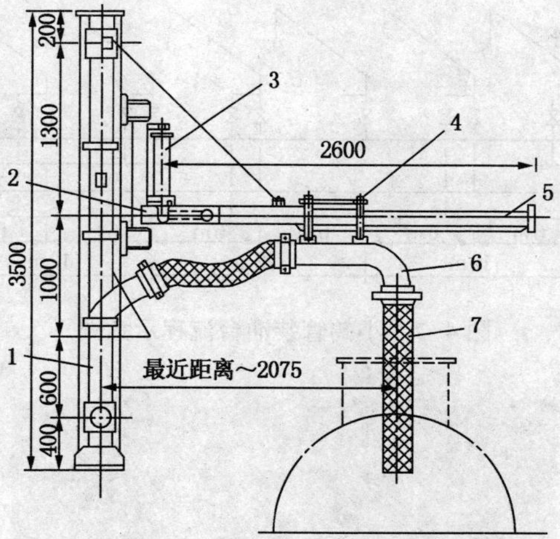

图 4-4　气动升降装油鹤管

1—鹤管立架；2—旋转立柱；3—升降气缸；4—滚轮小车；5—升降杆；6—活动弯管；7—软管

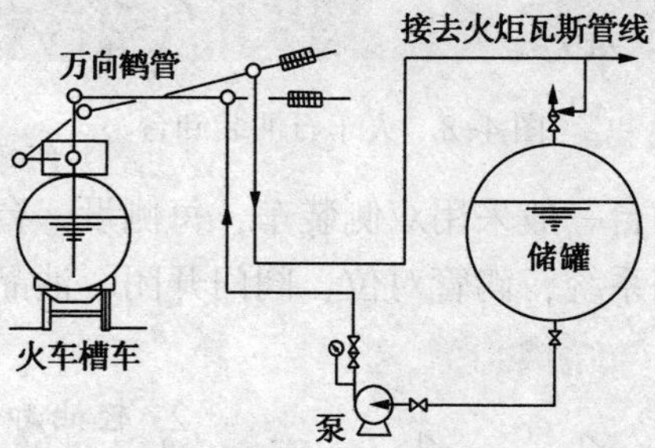

图 4-5　铁路装车流程示意图

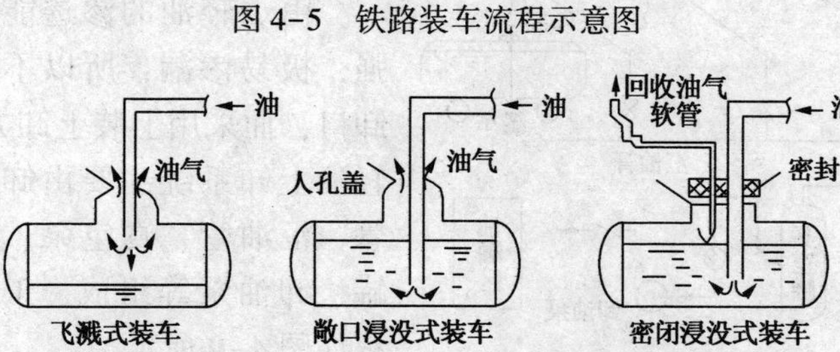

图 4-6　小鹤管不同装车形式示意图

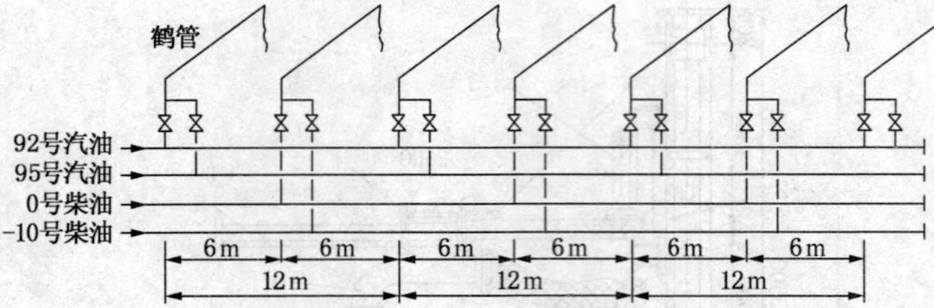

图 4-7　小鹤管装油台流程示意图

图 4-8　火车石油装卸台

大鹤管装油台一般采用双侧装车，每侧设一台大鹤管，并设有测序装车控制系统，鹤管对位、阀门开闭、油品计量等均可自动完成。

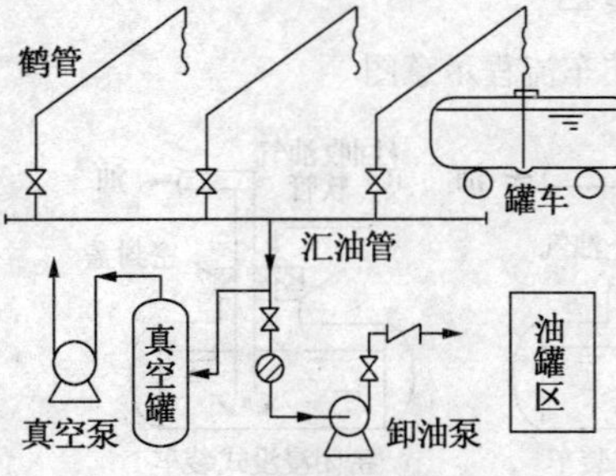

图 4-9　上卸工艺流程示意图

2. 轻油卸车系统

由于轻油的渗透能力很强，极易渗漏，所以不设下卸口，而采用上装上卸方式。轻油上卸系统主要由卸车鹤管、汇油管、真空泵、真空罐、卸油泵等组成，工艺流程如图 4-9 所示。

卸油时，将鹤管插入罐

车，启动真空泵抽取管线内空气，将油品吸上鹤管、流入汇油管、卸油泵(灌泵)后，开启卸油泵就可将罐车内油品输送至油储罐，完成卸车作业。

卸油过程中，当卸油鹤管最高点处的罐内压力低于或等于操作温度下油品的饱和蒸气压时，油品就会迅速汽化，出现断流，即所谓气阻断流。气阻问题在夏季气温较高地区会经常发生，给轻质油品的上卸作业带来困难。可采用：①降温、降低流速；②正压操作(气体增压)；③使用浸入泵等措施来克服气阻。

据报道，已开发成功的防阻式上卸鹤管利用原有系统，只是将卸油泵出口的油流用一根辅助管道引到设在鹤管端部的喷射增压器上，就可使卸油鹤管内的压力增大，从而克服鹤管高点处的气阻。

近年来，许多小型油库成功地采用滑片泵直接抽吸完成上卸作业，从而取代真空泵-离心泵卸油系统。

3. 原油及黏油卸车系统

原油铁路罐车一般均成列运行，罐车设有下卸接口，所以均采用密闭自流下卸工艺。下卸系统主要由卸油臂、汇油管、粗过滤器、导油管、零位罐和转油泵组成，如图 4-10 所示。从零位罐向储油罐输转用的转油泵，现大多采用电机设于零位罐罐顶的立式潜油泵。

黏油罐车的下卸系统与原油下卸系统相似。

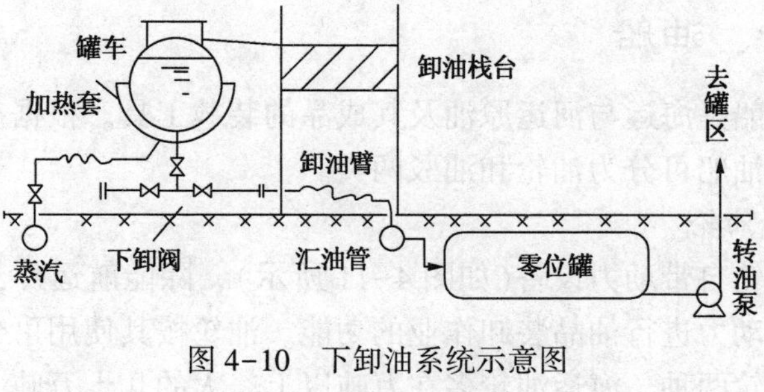

图 4-10　下卸油系统示意图

第二节 石油的水路运输

水路运输是利用油船通过海洋、江河输送原油及其产品的运输方式，按航行区域可分为远洋运输、近洋运输、沿海运输和内河运输。水路运输具有运量大(最大油轮载重量超过 60 万 t)、油品损耗少、能耗和成本低、劳动生产率高等特点，它是世界上输送原油的主要运输方式，石油的输送量是占整个船运量的45%以上。2020 年，我国原油进口量已达 5.42 亿吨，进口原油主要来自中东、俄罗斯、南美、非洲等地区，大都靠海运进口，因而也促进了我国石油海运事业的发展。

我国海岸线长度达 1.8 万 km，有良好的港湾和优越的建港条件。从北到南沿海已建成能停靠万吨级以上油轮的港口有大连鲇鱼湾、秦皇岛、山东黄岛、浙江乍浦、镇海算山、福建惠安、广州、惠州、湛江、茂名等十多处。

内河运输以长江、珠江、黑龙江和大运河的航线为主。长江水系干支流通航航线里程近 8 万 km，占全国内河通航航线里程的三分之二。沿江已建有扬子石化、金陵石化、安庆石化、九江石化、长岭炼化、武汉石化等多座油运码头。

为了方便原油的运进和成品油的运出，我国的大型炼油、石油化工企业主要分布在沿海、沿江地区。随着我国对原油进口的依赖和逐年增加，石油水路运输的重要性越发增强。

一、油船

油船是海运与河运原油及其成品的装载工具。根据有无自航能力，油船可分为油轮和油驳两类。

1. 油轮

油轮自带动力设备(如图 4-11 所示)，除能航运外，还有依靠自身动力进行油品装卸作业的功能。油轮按其使用可分海运和内河油轮两种。海运油轮多在万吨以上，大的几十万吨，主要用于原油海上运输。成品油的海上和内河运输油轮多在 3000~50000t。我国原油油轮主要为 5 万~7 万吨级，成品油油轮均在 3.5 万吨级以下。由于油轮装载的是散装液体油品，因此其货油舱不同于其他货舱，从安全考虑，油轮的货油舱与其他部分隔舱相隔离而形成一个整体。油轮上的其他隔舱还有：机舱、锅炉舱、货油泵舱、专用压载水舱、隔离空舱和干货舱，如图 4-12 所示。

图 4-11　油轮甲板外观图

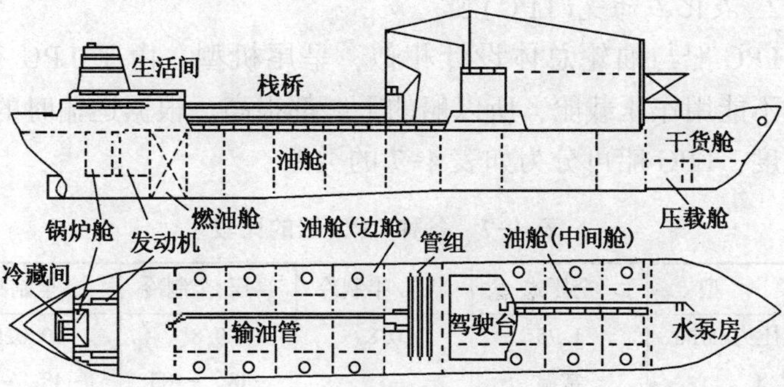

图 4-12　油轮结构示意图

油轮为单甲板、尾机型，多为双层底、纵舱壁和双层壳的结构形式，以提高油轮的坚固性和安全性。根据油轮装载油品的闪点、黏度和密度等不同，油轮上配备有以下管路系统。

（1）输油管系：由与岸上输油软管或输油臂连接的结合管接

头、输油干管及伸向各油舱的输油管组成。

(2) 清舱管系：设在油舱底部，与泵舱内专用清舱油泵相接。用于吸净输油干管不能抽净的舱内残油。

(3) 蒸气加热管系：在油舱内设有蛇形蒸气加热管，以便对黏度大、凝点高的油品加热。

(4) 通气管系统：每一个油舱均有通气管，以免运输中温度变化致使油品体积变化时，使船体及舱壁受到异常压力。每个通气管均设有防火安全装置及节气阀，以便在发生火灾时隔绝各舱气体。

(5) 消防及惰性气体管系：在油轮上装有一系列固定的消防管路系统，如蒸气灭火系统、二氧化碳灭火系统、水灭火系统及泡沫灭火系统等。

(6) 洒水系统：设在栈桥下，沿主甲板全长敷设带有喷水孔的管道。用于喷水降低甲板温度、减少舱内油品挥发。

(7) 每一油舱尾端的隔舱壁附近设有垂直的量油口，供测量舱内油深。

2. 液化石油气(LPG)船

LPG船与油轮总体设计相似，呈尾机型。由于LPG很轻，货舱不能用作压载舱，所以船的干舷都很高。根据运输时的压力及温度，LPG船可分为如表4-7的类型。

表4-7　各种LPG船的比较

类　　型	全压式	半压/半制冷	半压/全制冷	全制冷
设计压力/MPa	1.75	0.8	0.8	0.025
温度/℃	常温	5	−48、−105	−48、−104
容积/m^3	<3000	5000		$1\times10^4\sim10\times10^4$
货舱结构	球形或圆柱形	卧式圆柱形	圆柱形或球形	棱柱形

全压式LPG船容量小，钢材耗量、造价和营运成本都高。但其装卸系统要求较低，装卸转储方便。因此，我国的LPG船均为全压式运输船。

3. 液化天然气(LNG)船

LNG船是在零下162℃低温下运输液化气的专用船舶，是一种“海上超级冷冻车”。液化天然气船设备复杂，技术要求高，造价大，只有美国、中国、日本、韩国和欧洲的少数几个国家能够建造。液化天然气船见图4-13。

图4-13　液化天然气船

LNG船的储罐是独立于船体的特殊构造。在船舶的设计中，考虑的主要因素是能适应低温介质的材料，对易挥发或易燃物的处理。船舶尺寸通常受到港口码头和接收站条件的限制，12.5万m^3是最常用的尺寸，在建造船舶中最大的尺寸已达到20万m^3。LNG船的使用寿命一般为40~45年。

按液货舱的结构形式可分为独立储罐式和膜式。前者是将柱形、罐形、球形等形状的储罐置于船内；后者采用双壳结构，体内壳就是液货舱的承载壳体。与独立式相比，膜式的优点是容积利用率高，结构重量轻。因此，新建的液化天然气船，尤其是大型船，多采用膜式结构。

4. 油驳

油驳是指不带动力设备，不能自航的油船。它的航行须靠拖船牵引或顶推，船上油品要依靠油库或码头上的加热设备和油泵来装卸，载重量也只有几千吨。油驳按使用来分也有海上和内河两类。油驳上有6~15个油舱，并有一套可以相互连通或隔离的管组。因此，可装载一种油品，有时也可装载两种以上油品。油驳受载后都要编成船队，一般由4艘油驳组成，最多可拖 7~8 艘。江河采用油驳装运油品，不受航道和吃水深度限制，能适应水位变化，一般可常年满载航行，因而运费低，经济性好。

二、港口和码头

港口包括水域和陆域两部分。水域主要包括船舶回旋水域、锚泊地等，供船舶进出、运输、锚泊和装卸作业等。陆域包括码头、护岸、泊位、道路、仓储区、装卸设施和辅助生产设施(包括给水、排水和消防系统、输电及配电系统、办公、维修、生活用建筑物、工作船基地等)。

1. 输油港口的基本要求

大多数输油港口由企业自行建设并管理，部分输油港口由港务部门营建和管理。由于石油的特殊性，对输油港口有特殊要求。

(1) 陆域。码头应布置在河流的桥梁、水源取水口、船坞、锚泊地、水工建筑及其他主要码头的下游，距离应在 300m 以上。若一定要布置在这些设施的上游，则与它们的距离不应小于 3000m。

陆域要有足够的场地面积和岸线长度。地势要高于最高洪水位，还要免受内涝水、水库回水威胁，岸线要稳定，不受冲淤和严重冲刷。还要考虑油船压舱河水的处理设施，不能污染江河。

(2) 水域。要能满足船舶停靠作业的回旋而不占主航道。水深要能满足前来提油的最大油船的吃水深度要求，码头前沿水流速度要小，风浪不大，保证船舶安全离靠。强风风向不能垂直冲击码头，码头附近要有良好的锚泊地。

2. 石油码头类型

港口中供船舶停靠的水工建筑物称为码头，油码头是油船停泊和装卸油品的场所。码头上停靠船舶的位置称为泊位(船位)。一个泊位可供一艘船停泊，一个码头一般有多个泊位。泊位的长度应与船舶的长度相适应。在同一条线上的两个泊位间还要留出两船之间的距离，以便船舶系解缆绳。

码头按平面布置形状，可分为顺岸码头、近岸式码头、突堤码头、栈桥岛式码头、岛式码头等。我国常用的近岸式码头大致有四种类型：固定式栈桥码头、台墩式码头、具有活引桥的浮动码头(如图 4-14)和固定顺岸垂直码头。

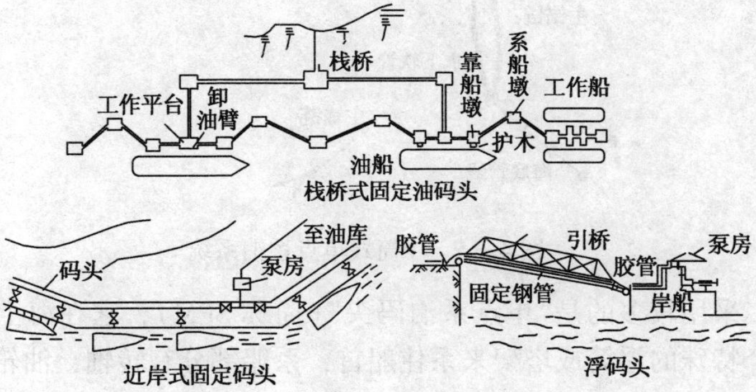

图 4-14　近岸式码头主要类型

如果油船只停泊不靠码头，而是抛锚或者系在浮筒上停泊，则统称“锚泊”。锚泊的水域称为“锚地”。锚地可供等待泊位的船只临时停泊，也可以就在锚地上傍靠，另用船只转载油料，叫作“过驳”，也称“捣载”。内河驳船队的排队或解队也在锚地进行。

3. 外海油轮系泊码头

石油与海运事业的发展，使油轮的吨位已从几万吨发展到10万~30万吨级，目前60万吨级巨型油轮已下海投用。由于大型油轮尺寸大，吃水相应加深，已不能驶入近海油码头或进入长江口。由此，油码头开始向外海发展。目前，外海油轮系泊码头主要有浮筒式单点系泊设施(如图 4-15)、多点系泊设施、岛式系泊设施 3 种类型。这些类型油码头都是大型或超级油轮远停海港外海，通过海底输油管道和浮筒或外海工作平台与油轮输油管线对接，进行油品装卸作业，把原油输送到岸上库区。

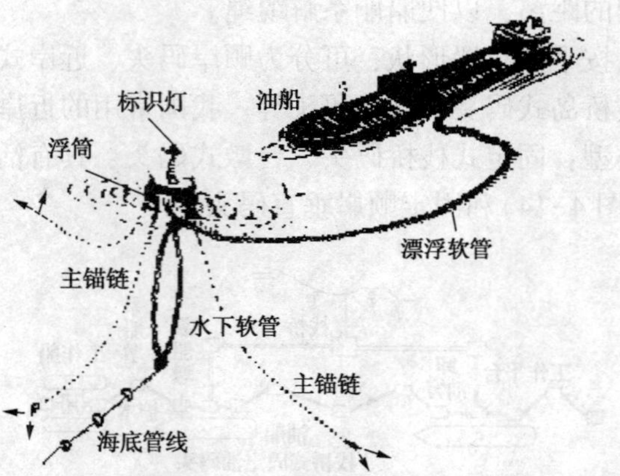

图 4-15　浮筒式单点系泊系统

采用较多的是“单点系泊码头”(简称 SPM)，它在海上只设一个特殊的浮筒或塔架来系住船首，系船部分有转轴，油轮可随水流和风向的变化而改变方向。固定塔架式系泊系统因操作弹性较差而少用。目前用得较多的是悬链泊腿系统，其优点是可在较大的水深范围内移位，缺点是在台风季节漂浮软管和水浮标须排除和移走。单点的位置由油轮吃水和海域水深决定。单点系泊的作业半径至少为最大油轮长度的 3 倍。在作业半径范围内不得有任何固定建筑物(如平台、浮标)以及暗礁、沉船或潜在危险物。

我国第一套 25 万吨级单点系泊海上原油接卸系统工程于 1994 年 12 月正式投用。该工程建于广东茂名水东湾外海域，由海上单点浮筒、海底管线和岸上储罐三大部分组成，其中单点系泊系统的浮筒直径 11.5m，高 3.65m。在浮筒上面有两条长 270m、直径 500mm 的漂浮软管，浮筒下面有两条长 30m、直径 500mm 的水下软管。借助海上浮筒连接一条长 15.3km、直径 864mm 的海底管线，将油轮上的原油输往岸上油库。这种原油接卸方式具有接卸能力大，投资省，工期短的优点。2006 年 10 月该系统升级为 30 万吨级。

三、装卸设备

1. 输油臂和软管

油船在装卸过程中与岸上连接的油导管，必须能适应油船的浮动和吃水深度的变化。目前国内装卸油导管有橡胶软管和输油臂两种。输油臂是目前国内外广泛使用的金属装卸油导管。它结构安全、密封可靠、操作灵活、省力、造型美观，可以克服橡胶软管存在的装卸效率低、寿命短、易泄漏和接管时劳动强度大等缺点。其本身的缺点是加工制造复杂、造价高。

软管在中小型、装卸物料品种多的码头使用较多。过去我国的油码头软管装卸工艺布置简单，装卸时软管与管道用法兰连接，装卸完毕后软管就放置在码头上，有时多达数十根。由于码头操作平台较小，造成码头管理困难。近年来普遍采用树脂、塑料薄膜、钢丝或不锈钢钢丝等先进材料制成的新型软管，重量轻，可适应不同油料或其他化学品。在码头上采用了钢结构的软管吊架，使码头装卸区布置紧凑、美观，操作方便，装卸安全。装卸作业完毕后，软管悬挂在吊架上，操作灵活。这样便于码头管理，软管也不会磨损及任意弯曲，使用寿命长。这种设计对多种油料适应性好，一次投资比输油臂低，使软管的应用出现了新的生机。

2. 输油臂的结构

输油臂一般由立柱、内臂、外臂、回转接头、平衡配重、快速接头等部件构成。输油臂口径一般为 *DN*100mm ~ *DN*600mm，内外臂总长可达 18m。在装卸作业过程中，在船舶的正常活动范围内，输油臂的管系可与船舶随动。输油臂有手动和液压驱动两种操作方式，一般大口径的输油臂采用液压驱动。输油臂的末端均为法兰接口。

拉索式金属(船用双管自支撑)输油臂如图 4-16 所示。其立柱为双层套管，内层套管用以输送流体，外层套管用作支撑结构。立柱底部有一弯管，其法兰与岸上输油管相连，立柱的头部

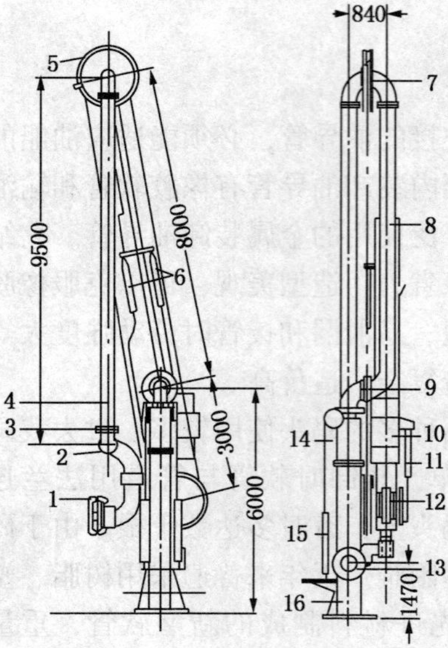

图 4-16　拉索式输油臂结构图
1—快速连接管；2—三通回转接头；
3—静电绝缘法兰；4—外臂；
5—头部大绳轮；6—内臂驱动油缸；
7—头部回转接头；8—内臂；
9—中间回转弯头；10—旋转配量；
11—外臂驱动油缸；12—固定配重；
13—输油臂连接法兰；14—竖向回转接头；
15—旋转驱动油缸；16—立柱

与一垂直回转接头相连。在液压缸的作用下，回转接头的上部结构可作水平方向转动。内臂为一钢管，输送的油品从其中通过，同时也起支撑作用。在液压缸的作用下，内臂可绕垂直立柱的水平轴作回转运动，以满足工作需要。外臂也是一钢管，油品从其中通过，其一端(顶部)通过一回转接头由驱动缸带动大绳轮作上下旋转运动，另一端的静电绝缘法兰与三通回转接头相连。三通回转接头是外臂端部与船舶接油口法兰连接部分，接头由三段弯管分别与两个互相垂直的回转接头组焊而成，可在三个方向自由回转，以满足船舶运动的需要。接管器是与船舶接油口法兰连接的部分，接管器的形式很多，最简单的为法兰盘式，用螺栓和油轮接油口的法兰紧固。此外还有全液压驱动型接管器，依靠液体压力达到快速接合、释放的目的。平衡配重用来达到外臂与整体平衡的目的。

当油船停靠码头进行装卸时，输油臂液压系统开始动作，驱动内、外臂迅速达到需要的位置。当快速接管器与油船上集油管法兰连接妥善后，即可将液压系统断开，使输油臂随船自由运动。输油臂可用来装油，也可用来卸油或接卸压舱水。

根据输送物料的不同，输油臂的材质有碳钢、低温钢、不锈钢和 PTFE 衬钢等，使用范围为-196~200℃。为保持输送物料温度，输油臂上可附设电伴热。输送液化石油气的输油臂上设气相、液相两根管道。输油臂还可配备双球阀紧急脱离系统，以便在锚链拉断、船舶从泊位漂移出去、失火、超载、突发暴风雨天气等危险状态下，使输油臂与船舶接口迅速脱离，且装卸物料不会外流。

3. 输油臂的布置

输油臂一般布置在码头操作平台中部，如图 4-17 所示。输油臂的台数不宜过多，通常采用输油臂的台数为 2~4 台。对于吨级大的泊位可选用大口径的输油臂，以满足流量要求。同时应考虑大口径输油臂的最大作业流速≯9.5m/s，小口径输油臂还应略小些。

图 4-17　船用装卸臂

四、装卸工艺

1. 原油和成品油装卸

工艺流程比较简单，装船流程：油罐→泵→流量计→输油臂→油船。卸船流程：油船→泵→输油臂→流量计→油罐。

汽油卸船流程举例：

92#汽油：船→泵→主码头→501 线→92#汽油罐
船→泵→付码头→501 线（付）→92#汽油罐

95#汽油：船→泵→主码头→502 线→95#汽油罐
船→泵→付码头→502 线（付）→95#汽油罐

汽油装船流程举例：

92#汽油：

92#汽油罐→511 线→泵 501～泵 504→501 线→主码头→船

92#汽油罐→511 线→泵 501～泵 504→501 线（付）→付码头→船

95#汽油：

95#汽油罐→512 线→泵 501～泵 504→502 线→主码头→船

95#汽油罐→512 线→泵 501～泵 504→502 线（付）→付码头→船

由于大型油码头和油船的造价高，为了提高它们的利用率、降低使用成本，对船舶的装卸作业时间均有严格要求。我国港口工程规范对 10 万吨级以下原油轮装卸时间作了如表 4-8 的规定。为了解决与最大作业流速限制、输油臂台数不宜过多等矛盾，对于吨级大的泊位宜选用口径大的输油臂。

表 4-8　油码头泊位净装卸时间要求

油轮吨级/万吨	1	2	3	5	8	10
净装时间/h	10	10	10	10	13～15	13～15
净卸时间/h	24～18	27～24	30～26	36～32	36～31	36～31

2. 液化石油气（LPG）装卸

常温 LPG 的装卸工艺与原油和成品油相似，不同之处在于在 LPG 装卸中应设一条比液相管道小 1～2 级的气相返回管道。为了安全，装卸作业时要求液相流速不超过 5m/s。

如果 LPG 船为全制冷式，而 LPG 储罐为常温压力罐，就需在泵出口至储罐的管道上增设加热器。LPG 转运站示意图见图 4-18。

3. 液化天然气（LNG）装卸

液化天然气的接收终端建有专用码头，用于液化天然气运输

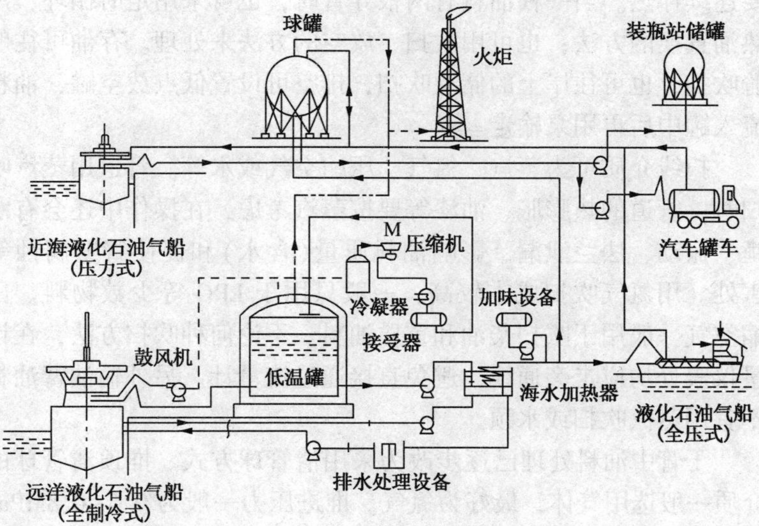

图 4-18　液化石油气转运站流程

船的靠泊和卸船作业。储罐用于容纳从运输船上卸载的液化天然气。再气化装置则是将液化天然气加热使其变成气体后，经管道输送到最终用户。液化天然气在再气化过程中所释放的冷能可被综合利用。一般而言，约有25%的冷能可被利用。

4. 码头管道系统处理

装卸作业完毕后，应根据管道中的油料性质和操作要求不同，作相应的处理。所以在设计时需考虑：管道的吹扫、排气、放空、循环、保温伴热、泄压等措施。

装船完毕后，船位下降，船上管接头常低于码头面，这时输油臂中有相当部分油料可以自流入船。其余部分若不会凝结，则可保留在管内，为避免挥发、滴流，可在输油臂末端加法兰盖封闭。反之，卸船完毕后，若输油臂中油料不能自流入船，可用扫线介质扫入船内或排入泊位上的收集罐中。

干管中不会凝结的油料可保留在管内，这样对计量、减少管道内壁腐蚀、节省劳动力消耗等都有好处。若油料会凝结，则需要连续伴热。当一种油料有两根导管时，也可采用定时循环，用热油置换的方法；也可用吹扫、放空的方法来处理。存油可往船舱吹扫，也可往岸上的储罐吹扫，排空可设置低点放空罐，油料流入罐中后再用泵输走。

扫线介质可为蒸汽、氮气、压缩空气或水等。管道用蒸汽吹扫时，管道的热膨胀、油漆等要按蒸汽考虑，在操作中还会有水锤、振动、法兰泄漏、影响油料质量(含水)和促使管壁腐蚀等害处。用氮气吹扫成本较高，一般只用于 LPG 等少数物料。压缩空气一般用于吹扫柴油和重质油料。不论何种吹扫方法，在计量仪表处均应走旁通线，避免直接通过流量计。另外输油臂油料不宜用蒸汽吹扫或水顶。

干管中油料处理已逐步改为采用清管球方式。推顶清管球的介质一般选用气体，最好为氮气。推进压力一般为 0.6~0.8MPa。清管球运行过程可用仪表跟踪。油码头使用清管球技术后，清扫管道比较方便，使用动力少，吹扫时间短，可使干管内油料全部收入储罐，减少了环境污染，对码头管道和各种油料的适应性好。一条干管可输送几种性质相近的油品，提高了干管的输送效率，降低了成本。这种清管球方式更能适应多变市场的需求。

第三节　石油的管道运输

管道运输是利用专门输油管线来输送油品的运输方式，是我国石油和天然气最主要的运输方式，包括原油管道输送、成品油管道输送和天然气管道输送。具有的优点：运输量大，运费低、能耗少、损耗低，较安全可靠、受气候环境影响小、对环境污染小，投资小、占地面积少。存在的缺点：用于大量、单向、定点运输，不灵活；经济性受运输量影响，设计值与实际有差距；有极限量的限制，泵性能、管道强度、安全温度等限制输油量。

管道输送一般是指有一定距离的原油管道输送和成品油管道

输送，更多的是指原油管道输送。但实际上，所有的石油储运过程都涉及管道输送：水路运输、铁路与公路运输等的装卸过程，油罐区内罐与罐的输转，油罐的加热升温循环、产品调合，油品管道调合，炼油厂各装置之间、装置与中间罐之间的原料、中间产品及产品的转输，加油站的加油过程等。

茂名石化公司管道输送网络：原油基本为中东进口，通过油轮水运至水东原油港口或湛江原油港口，然后管道输送至茂名石化炼油厂北山原油罐区。石油在炼油厂各装置之间、装置与中间罐之间管道的转输、加工。加工得到的产品一部分管输至发油台由铁路、公路运输出去，一部分管输至水东成品油港口再通过油轮输送出去，一部分产品通过珠三角成品油管道、西南成品油管道发送至珠三角、广西、云南、贵州、四川等地，还有一部分中间产品管输至相距10多千米的乙烯公司，乙烯公司的产品再管输至相距20多千米的水东成品油港口。

根据长度输油管道可分为内部输油管道和长距离输油管道(也称长输管道、干线输油管道，长的有数千千米)。输油管道主要由管线、阀门、泵以及用于计量、控制、保护等的有关部件组成。

一、管线

管线(也称管道、管路)是油品储运系统的重要组成部分。管线由管子、阀门、管架及其各种附件组成。各种介质无论是原油、成品油、石油气体、液体化工原料，还是水、蒸汽、空气和氮气等都要经过管线进行输送，各种设备之间也都要由管线来连通才能进行生产。除少数管线埋地或走管沟见不到外，大部分管线都架空走管排，银光闪闪，纵横交错，遍布厂区各地。管路大小长短不一，管径小的只有几毫米，大的上千毫米，总长也有几十千米，甚至达几千千米。管线建成投用后，保持管线畅通，消除跑、冒、滴、漏，是保证生产安全、经济运行非常重要的条件。

（一）管线分类

管线种类很多，基准不同分类也不同，分类情况如表 4-9。

表 4-9　管线分类表

分类依据	管线类型
管线用途	①工艺管路；②辅助管路
输送介质	①油（如原油管线、汽油管线）；②气（如瓦斯管线）；③蒸汽；④水；⑤酸、碱、盐、助剂、溶剂等管线
设计压力	①真空管线：表压 $p<0$MPa；②低压管线：0MPa$<p<$1.6MPa；③中压管线：1.6MPa$<p<$10MPa；④高压管线：10MPa$<p<$100MPa；⑤超高压管线：$p>$100MPa
输送温度	①高温管线；②低温管线
管线材料	①钢；②铸铁；③合金钢（不锈钢）；④有色金属；⑤非金属（塑料、橡胶、陶瓷、水泥）
制造方法	①无缝钢管（热轧、冷轧）；②有缝钢管（直焊缝管、螺旋焊管）（外表镀锌的为白铁管，不镀锌的为黑铁管）

（二）钢管的规格参数

为了减少管路中的管道、管件、阀门等附件的品种和规格，使产品标准化，有利于管路的设计、制造、安装和检修，常以公称直径和公称压力来区分管路的基本特性。

公称直径是一种规定的标准直径，它既不是管子的内径，也不是管子的外径，而是与管子内径相接近的整数。如 *DN*150mm 表示公称直径为 150mm。无缝钢管的规格习惯上用“外径×壁厚”表示，如 108mm×5mm。对于阀门和铸铁管公称直径等于实际内径尺寸，对于工艺设备公称直径就是设备内径。公称压力（也称名义压力）为 1.6MPa 用 *PN*16 表示。钢管数据举例见表 4-10、表 4-11。

表 4-10 无缝管数据举例

公称直径（DN）/mm	外径/mm	壁厚/mm	实际内径/mm	管内净截面积/cm^2	每米管长容积/L	每米质量/kg
80	89	4	81	51.53	5.15	8.38
100	103	4	100	78.51	7.85	10.28
100	114	5	104	81.95	8.5	13.44
150	159	4.5	150	176.73	17.67	17.15
150	159	6	147	169.72	16.07	22.64

表 4-11 螺旋钢管数据举例

管径/mm		*PN*16		*PN*25		*PN*40	
公称直径（*DN*）	外径	壁厚/mm	质量/（kg/m）	壁厚/mm	质量/（kg/m）	壁厚/mm	质量/（kg/m）
250	273			6	39.51	7	45.92
300	325			6	47.20	8	62.14
350	377	6	54.89	7	63.37		
400	426	6	62.14	7	72.33		

（三）输油常用管材

输油常用的管材有钢管、铸铁管和橡胶管等，如表 4-12。

表 4-12 输油常用管材

管材类型		适用于输送	使用条件
钢管	无缝钢管	各种油品、石油气、蒸汽、水、风和浓度 98% 的硫酸等	温度-40~475℃，压力≤16MPa
钢管	有缝钢管	水、空气、液碱、润滑油等介质	温度<75℃，压力<1.6MPa
钢管	螺旋钢管	管径>250mm 的大型输油、输气管线	温度<300℃，压力 1.6~4.0MPa
铸铁管	耐腐蚀性好	多用于埋置地下的上下水管，也可用于输送腐蚀性较高的碱液或浓酸	可分低压（<0.45MPa），中压（0.45~0.75MPa），高压（0.75~1MPa）3 种

续表

管材类型		适用于输送	使用条件
橡胶管	耐油胶管	多用于装卸油品设施上，作为临时接线或排空甩头	胶管的承压能力 0.1～1MPa，规格用内径表示
		耐油夹布胶管适用于低压供水	
		耐油螺旋胶管多用于压力输送管和泵的吸入管	
		输油钢丝编制胶管，没有接头可根据需要截断使用，耐压高，可作为油品输送的排吸使用	
	输水胶管、蒸汽胶管、空气胶管和酸碱胶管等多种		

（四）管线外观颜色

为了便于识别与管理，各种管线（包括保温）应按规定涂刷不同颜色油漆。表 4-13 为炼油厂管线、设备的外观颜色参考标准。大部分炼油厂的管线、设备包裹保温层后，再包铝板，有些再涂银漆，所以炼油厂管线设备的外观主色为银白色。

表 4-13　炼油厂管线及设备的外观颜色参考标准

管内介质	油气	蒸汽	消防蒸汽	水	酸碱	助剂	氮气	氧气	净化空气
管线颜色	银白	银白	红	深绿	黄	黄	黑	蓝	天蓝
设备名称	泵	电机	消防设施	保温罐	轻油罐	重油罐	控制箱	仪表线	阀手轮
设备颜色	银白	绿	红	中灰色	银白	黑色	天蓝	天蓝	天蓝

二、阀门

阀门是管线的重要附件之一，在石油储运系统中，铺设最长的要数管线，应用数量最多的管线附件要算阀门。阀门种类繁多，应用范围极其广泛。阀门在工艺和设备上的作用主要是：接通或切断管线内介质的流动；调节管线内介质的流量和压力；改变或控制管路中介质流动方向；调节容器内液面高度；排放介质，防止容器、管线超压，保护设备。

（一）阀门的分类及规格

阀门分类方法很多，可按应用范围、使用介质、连接方式、阀体材质、操作方法、承压大小以及结构形式和用途来划分。阀门的结构通常由阀体、封闭体、传动件和密封四部分组成。了解阀门的分类在生产实用上意义很大，因为提出采购计划或去供应领料都必须写明阀门用途与规格型号，否则出现失误会影响生产。阀门上多装有标牌，标明阀门型号、公称压力和使用温度。

在阀门型号中，阀门类别、阀门驱动方式、阀门连接形式、阀门结构特点、密封面及衬里材料、阀体材料，分别见表 4-14 至表 4-19。

表 4-14　阀门类别

类　别	闸阀	截止阀	旋塞阀	疏水阀	电磁阀	球阀	蝶阀
代　号	Z	J	X	S	ZCLP	Q	D
类　别	隔膜阀	调节阀	止回阀	安全阀	减压阀	节流阀	
代　号	G	T	H	A	Y	L	

表 4-15　阀门驱动(传动)方式

驱动方式	涡轮传动	正齿轮传动	伞齿轮传动	气压驱动	液压驱动	气-电磁驱动	电机驱动
代　号	3	4	5	6	7	8	9

表 4-16　阀门连接形式

连接形式	内螺纹	外螺纹	法兰连接			焊接
代　号	1	2	3(双弹簧安全阀)	4	5(杠杆式安全阀)	6

表 4-17　阀门结构特点及代号

闸阀	结构	明杆楔式		明杆平行式		明杆楔式		明杆平行式	
	特点	单闸板	双闸板	单闸板	双闸板	单闸板	双闸板	单闸板	双闸板
	代号	1	2	3	4	5	6	7	8
截止阀	结构	直通式				直流式	隔膜式	节流式	其他
	特点	铸造		锻造					
	代号	1	2	3	4	5	7	8	9

续表

止回阀	结构	直通升降	立式升降		直通升降		单瓣	多瓣	双瓣
	特点	铸造			锻造		旋启式	旋启式	旋启式
	代号	1	2		3		4	5	6
安全阀	结构	封闭式单(双)弹簧			不封闭式单(双)弹簧			脉冲式	带散热
	特点	微启/全启	带扳手微启	带扳手全启	微启/全启	带扳手微启	带扳手全启		全启
	代号	1/2	3	4	5/6	7	8	9	10
安全阀	结构		单杠杆			双杠杆			
	特点		微启	全启		微启	全启		
	代号		1	2		3	4		
疏水阀	结构	浮球式	钟形浮子式		脉冲式	热动力式			
	特点								
	代号	1	5		8	9			

表 4-18　密封面或衬里材料

材料	黄铜或青铜	聚四氟乙烯	硬质合金	渗氮钢	硬铅	衬铅
代号	T	SA	Y	D	Q	CQ
材料	合金钢(耐酸钢或不锈钢)	酚醛塑料	氟塑料	衬塑料	塑料	硅铁
代号	H	SD	F	CS	S	G
材料	巴式合金(轴承合金)	尼龙塑料	无密封圈	硬橡胶	衬胶	橡胶
代号	B	N	W	J	CJ	X

表 4-19　阀体材料

材料	铬镍钛(铌)耐酸钢	铜及铜合金	高硅铸钢	可锻铸铁
代号	P	T	G	K
材料	中铬钼合金钢	碳素铸钢	球墨铸铁	灰铸铁
代号	I	C	Q	Z

阀门型号用 7 个单元表示，各个单元所含意义如下：

阀门类别　驱动形式　连接形式　结构特点

1　2　3　4

密封面或衬里材料　公称压力数据　阀体材料

5　—6　7

举例：

Z	6	4	1
闸板阀	气动（风动）	法兰连接	明杆楔式单闸板阀

H	—25
密封材料为合金钢	公称压力 2.5MPa

另外，在阀门壳体上常铸有 $\xrightarrow[\times\times]{PN\times\times}$ 等字样，如：$\xrightarrow[100]{PN25}$，表示阀门公称压力为 2.5MPa（$25kg/cm^2$），阀门口径为 100mm，箭头表示介质流动方向，提醒安装时不要装反。阀体本身上涂刷的颜色则代表阀体的材质，通常黑色代表可锻铸铁，银色代表球墨铸铁，浅蓝色代表不锈钢，蓝色代表合金钢，灰色代表碳素钢。

（二）石油储运常用阀门

1. 闸板阀（简称闸阀）

闸板阀在石油储运系统中是应用最广，数量最多的阀门，它是通过手轮转动使阀体内闸门的阀杆垂直升降来启闭管路的。闸板阀构造见图 4-19。闸板阀根据其结构可分为明杆闸阀和暗杆闸阀（多用作小管管水阀）两

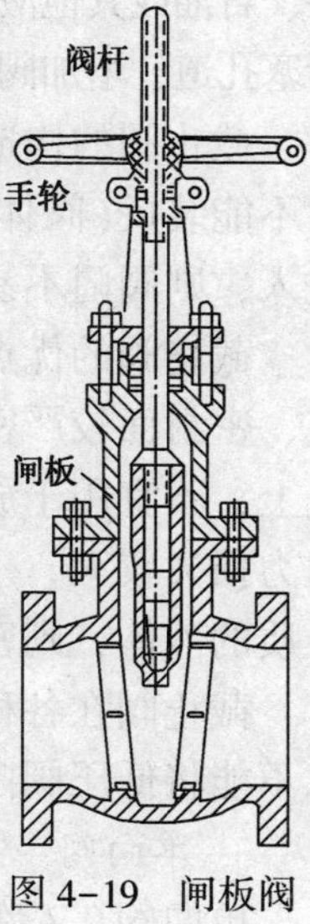

图 4-19　闸板阀

种。明杆闸阀开闭状态易于直观看清，且阀杆螺纹易于润滑。其优点是：形体简单，流体阻力小，开启灵活，操作方便，介质流动不受安装方向限制，凭借阀杆升降程度即可判断阀门开启程度，它适宜在各种油品、蒸汽等介质管线上使用。其缺点是：安装空间较大，开关慢，密封面易受冲击和磨损，对压力或流量调节能力差。

2. 截止阀

截止阀(包括球形阀、针形阀)是利用阀瓣(球形或锥形封闭件)在阀杆带动下，沿阀内作升降运动而改变阀盘与阀座间距，起到截止或调节液流作用的。截止阀结构见图 4-20。

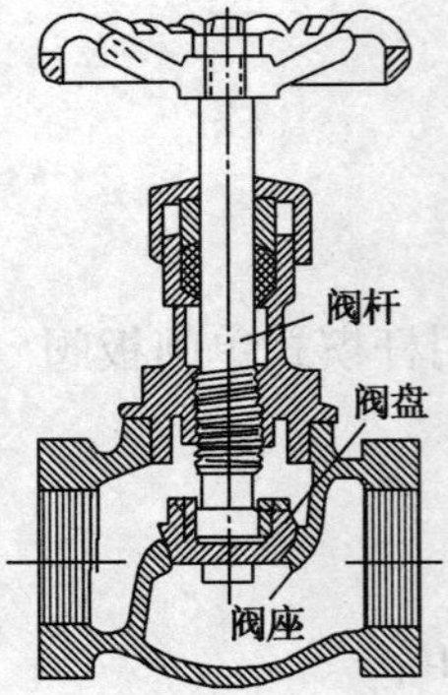

图 4-20　截止阀

截止阀种类很多，按液体流向分：直角式、直通式和三通式；按制造分：铸造、锻造；按连接方式分：法兰、丝口连接；按阀瓣形状分：球形、锥形等。截止阀应用也十分广泛，它适用于蒸汽、水、空气、真空管路、石油或其他液体管线上。液体介质不能含有固体颗粒，否则易堵塞孔道，增加阀座磨损。

截止阀的构造决定它只准许液体单向流动，即低进高出，阀门不能装反(阀体上部铸有箭头流向标记)。否则液体若从上方进入，则阀门不易打开还会损坏。

截止阀的优点是：阀门体积小、开启高度不大、流量便于调整、密封面较严密、易于制造与维修、价格较便宜，适用于蒸汽线上，不宜用于放空及真空系统。缺点是：液体流向急剧改变、阻力损失较大、一般是同规格闸阀的 5~25 倍。如用于输送含有杂质的液体，则密封面易受损伤。

截止阀在各种压力下都可采用，选用时压力等级要合适，注意不能将低压阀门装在高压管线上。

3. 单向阀

单向阀(又称止回阀、逆止阀和单流阀)是依靠液体压力、弹簧力或阀瓣自重达到自动开闭通道，并能阻止液体倒流的阀门。通常它装于泵的出口管线上、锅炉给水管线上或其他不许液体或气体倒流的管线上。按结构不同，常用的有升降式和旋启式两种，如图 4-21 所示。

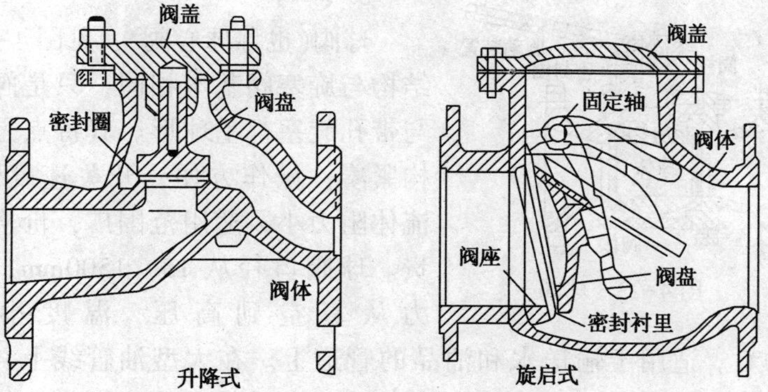

图 4-21　单向阀

单向阀因结构不同，安装要求也不相同。升降式因结构简单，体积小，阀盘失灵可能性小，但流体流向急剧改变推起阀盘要消耗能量，故对液体阻力较大，所以升降式单向阀适宜装在水平或垂直的大口径管道上。旋启式的缺点是摇杆和阀盘连接处的销针容易松脱，使阀门失效。单向阀在安装时，不论是升降式或旋启式，只要注意阀体上的箭头指示流向与液体流向一致即可，切记不能装反，否则液体不能通过。

4. 旋塞阀

旋塞阀(又称转心阀)，见图 4-22。旋塞阀特点是操作方便，开关快速，结构简单，零件少，对液体阻力小。适用于压力小于 1.0MPa ($10kg/cm^2$)、直径不大于 100mm、

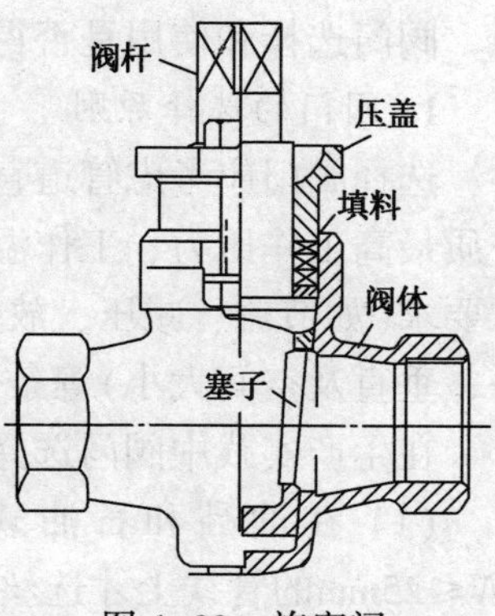

图 4-22　旋塞阀

温度不大于100℃的低温管路或要求快速开关的管路上。如液体石油产品灌桶、液面指示器等作业场所，设备上应用较为广泛。其缺点是密封性能差，压力大时不易转动，流量不易调整，旋塞容易卡住。

5. 球阀

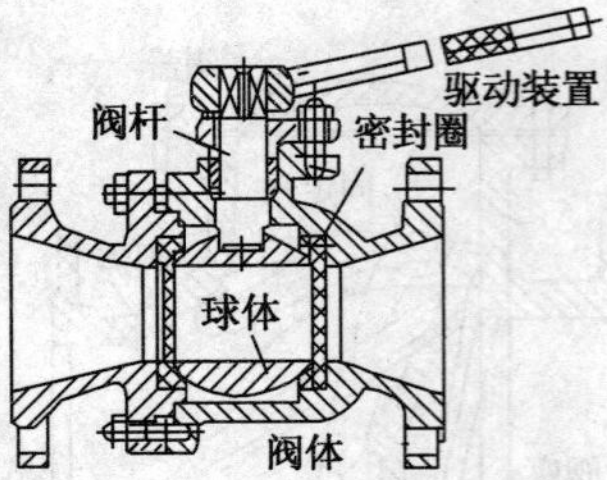

图4-23　球阀

球阀(也称球心阀)，见图4-23。结构与旋塞阀基本相同，只是阀座与带孔旋塞都呈球形。其特点是结构紧凑，操作方便，开关速度快，流体阻力小，适用范围广，价格较贵。球阀口径从15～1500mm，压力从真空到高压，温度小于150℃。适用于输送水和油品的管道上。在大型油管线上，多采用液压球阀或涡轮转动球阀，这些阀结构复杂，操作比较麻烦，常安装在总线上用于截断流体。

6. 疏水阀

也叫阻汽排水阀、汽水阀、疏水器、回水门等。疏水阀安装于蒸汽管道或设备上，它的作用是自动排泄不断产生的凝结水，而又阻止蒸汽泄漏出来。

(三) 阀门的选择与使用

阀门选择和使用是否得当，对生产和安全都有很大影响。

1. 阀门的选择原则

选择阀门应考虑管道直径、介质性质(有无腐蚀性或颗粒)、介质最高工作压力、工作温度和变化范围等工艺条件，工艺上特殊要求(如节流、减压、放空、止回等)以及阀门安装位置(如水平、垂直及空间大小)等条件。

在生产实践中阀门选择原则是：

(1) 在油品和石油气体管线上多选法兰连接阀门，在$DN \leq 25$mm的管线上才选丝扣连接阀门。

(2) 油罐出口的总阀门、脱水阀以及温度高于200℃的热油管线上应选用钢阀，液化气管线上应选压力 $PN \geqslant 2.5$MPa(25kg/cm^2)的钢阀。

(3) 在油品管线上尽量少用 $PN \leqslant 1.0$MPa(10kg/cm^2)的闸阀或 $PN \leqslant 1.6$MPa(16kg/cm^2)的截止阀，它们的材料为铸铁，不利安全生产。

(4) 需要调节流量的地方多选截止阀；需要阀门快速开闭的场所应选用球阀或旋塞阀，其他场所尽量用闸阀。

(5) 输送的是蒸汽或含腐蚀的介质，应选不锈钢密封圈。输送水的则选用钢制密封材料。

2. 阀门的使用

为了使阀门使用长久，开关灵活，保证生产与安全，在使用中应注意以下几点：

(1) 新装阀门应有产品合格证，外观无砂眼、气孔或裂纹，填料压盖压得平整，阀门开关灵活。

(2) 使用的阀门压力、温度等级应和管路工作条件相一致，不能将低压阀门装在高压管路上。

(3) 阀门安装时要注意方向，不能装反。

(4) 阀门开完应回半圈，以防误开为关。阀门关闭用手费力时，应用特制扳手，尽量避免使用管钳，不可用力过猛或用工具关得过死。

(5) 阀门填料、大盖、法兰、丝口等连接和密封部位不得有渗漏，发现问题应及时紧固或更换填料、垫片。

(6) 更换阀门、填料或垫片时，不准带压操作，特别是高温、易腐蚀性介质，以防介质喷出伤人。

(7) 关键部位阀门应同设备或装置一起在检修时，每年清洗、检查、试压一次。

(8) 用于水、蒸汽、重油线上的阀门，冬天要做好防冻、保温，防止阀门冻凝，阀体冻裂。

(9) 阀体和手轮应按工艺设备管理要求，做好刷漆防腐。系统管线上阀门应按工艺要求编号，开关阀门应对号挂牌，防止误操作。

三、常用管件

(一) 法兰及其紧固件

管路由直管、曲管(弯头)、大小头、分支管(三通)、阀门等组成，这些部分都必须经过一定的连接才能构成一个完整的管系。

管道的连接方式一般分为丝扣、焊接和法兰连接三类。压力不高、管径不大的水煤气管一般都采用丝扣连接的方式。配合这种连接，制造有相应的各种管件，如活接头、管箍、弯头、大小头三通、四通等，安装非常方便。一般大于 *DN*50mm 的管线，常用的连接方式是焊接。焊接是管道连接应用最广的一种形式，施工方便、坚固、严密，使用可靠并能节约钢材，只要使用中不需拆卸的地方都可采用这种连接。在管道与阀件或设备连接的地方以及管段需要拆卸的地方都采用法兰连接。法兰在石油工业、化学工业和油库中应用非常广泛，是管路中的重要组成部分。

法兰包括上、下法兰、垫片及螺栓螺母 3 部分，上、下法兰分别与管道端部焊接。

1. 法兰类型

法兰分类如表 4-20、图 4-24。

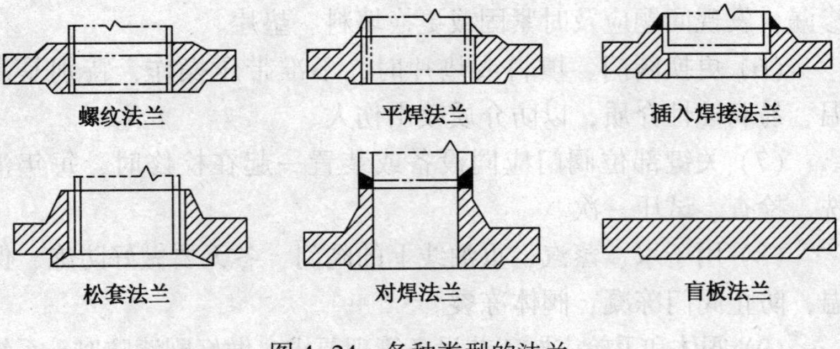

图 4-24　各种类型的法兰

表 4-20 法兰的类型

分类依据	法兰类型
用途	管道法兰、压力容器(设备)法兰
形状	圆形、方形、椭圆形及特殊形状
压力	高压、中压、低压
法兰与管子的连接形式	平焊、套焊、对焊、松焊、螺纹法兰及法兰盖(盲板法兰)

2. 法兰面

为了适应各种情况下的密封，标准法兰的表面加工有不同形式，主要有平滑面、凹凸面、梯形槽面等形式。

具有突起面的法兰简单适用，是应用最广的一种。它的突起表面有时加工有螺旋形或同心圆的沟槽(称为水线)。安装时，垫片在外力作用下嵌入沟槽，保证端面密封。但采用非金属垫片时，法兰面上有无水线(密封线)对密封性能影响不大。

3. 法兰垫片

法兰垫片的作用是置于上下法兰之间将法兰面不平整处加以密封以阻止流体泄漏。石油储运常用的法兰垫片有橡胶石棉板、耐油橡胶石棉板和金属石棉板等。安装时可根据具体情况在垫片两面涂以石墨粉、石墨机油或润滑脂等，利于密封和拆除。

4. 法兰的选用

法兰已有标准化、系列化产品，一般不再做设计，只需根据管路输送的介质、操作压力和操作温度予以选择。常用的有平焊、对焊及法兰盖三种。

法兰的安装过程中要做到正确选用、仔细清除法兰面、垫片面和螺栓螺母上的杂质，对称安置，对称对角均匀拧紧螺母(每次拧紧 1/4~1/2 圈)，保证上下法兰面、垫片面的平面平行，避免出现偏口、错口、张口、双垫、偏垫、咬垫等缺陷。螺栓螺母松紧要适度，太松起不到密封效果，太紧则会影响密封性能，甚至影响其使用寿命。

（二）弯头、大小头、三通

1. 弯头

弯头是管道安装中数量最多的部件。石油储运中常用的有无缝弯头、冲压弯头和焊接弯头三种。无缝弯头又称冲制弯头，有45°和90°弯头两种(见图4-25)。弯头的弯曲半径 R 根据管子公称直径 DN 确定，常见的有 $R=1.5DN$ 和 $R=1.0DN$ 两种。弯头目前尚无国家标准，选用时只需提出公称直径、弯曲半径和公称压力即可。

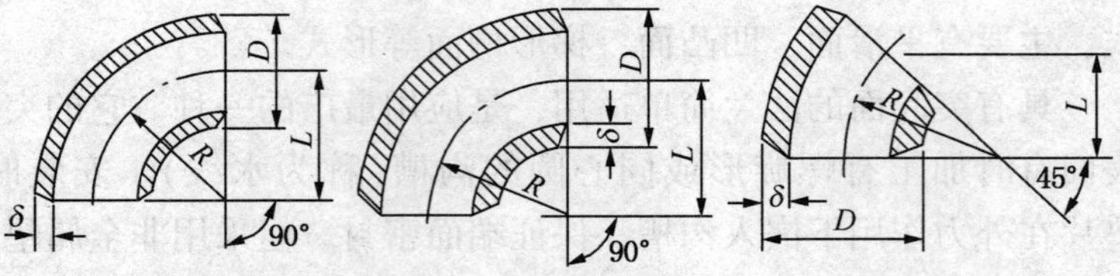

90° 长半径弯头　　90° 短半径弯头　　45° 弯头

图 4-25　弯头尺寸规格图

2. 大小头

又称变径管，主要用于管子变径时的连接，有同心和偏心两种形式(见图4-26)。泵的出入口段管大，多采用同心大小头。通常用大头和小头的公称直径的乘积来表示大小头的规格。大小头目前无统一国家标准。

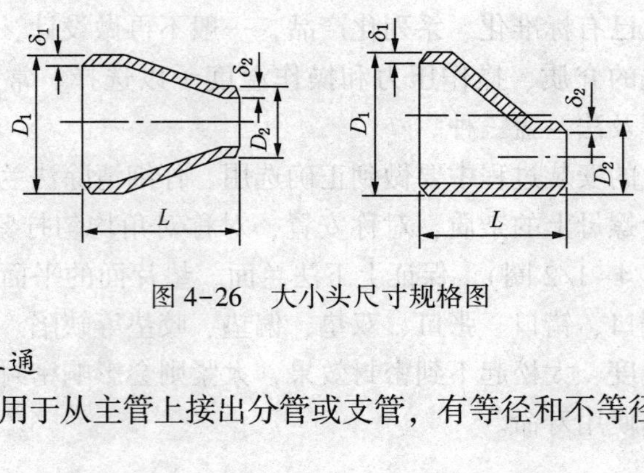

图 4-26　大小头尺寸规格图

3. 三通

主要用于从主管上接出分管或支管，有等径和不等径两大类。

等径三通规格仅注明公称直径 *DN* 即可，不等径三通规格一般由 *DN* 主管 *DN*1×分管 *DN*2×主管 *DN*1 表示，如 *DN*150mm×100mm×150mm。三通一般可采用铸、锻、焊、顶拉、挤等方法制造。也有在主管上开孔直接焊接分管或支管形式，但会增加流动阻力。

4. 活接头

活接头分钢活接头和可锻铸铁活接头，结构示意见图 4-27，活接头与管嘴间有密封圈。主要用于活动空间有限处的管件连接以及需经常装拆的管件连接。

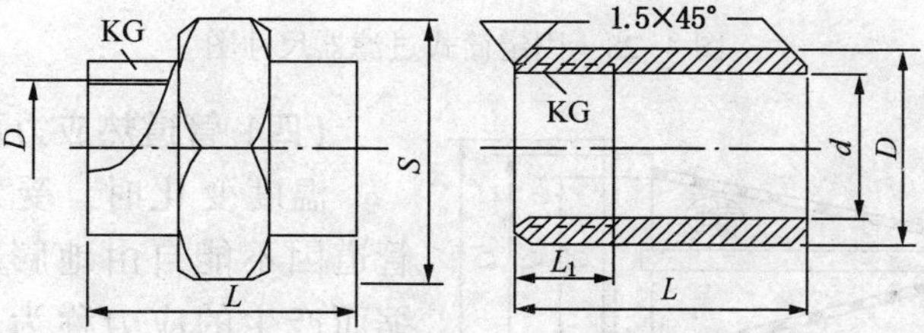

图 4-27　可锻铸铁活接头和管嘴图

（三）过滤器

过滤器的作用是滤净输送油品中的机械杂质(如铁屑、泥渣等)，有效地阻止其进入管道最低处、阀体、流量计、泵等仪器设备内，保护泵、流量计、阀门，以保证管道畅通和仪器设备正常工作。过滤器由滤网、网架和壳体等组成。滤网一般为金属丝网，网眼大小根据设备要求而定。为了减小丝网引起的阻力，丝网的面积一般大于管子截面积的 5~6 倍。过滤器的壳体底部设有排污口，经滤网过滤下来的杂质可从排污口放出。使用一定时间后，应打开过滤器盖，抽出滤网冲洗干净，同时清洗过滤器内沉积的杂质。石油储运中常用的过滤器见表 4-21、图 4-28、图 4-29。

表 4-21　石油储运常用过滤器

类　　型	钢板过滤器	Y 形过滤器	U 形过滤器
适用场所	大泵前	小流量计前	小泵或大流量计前

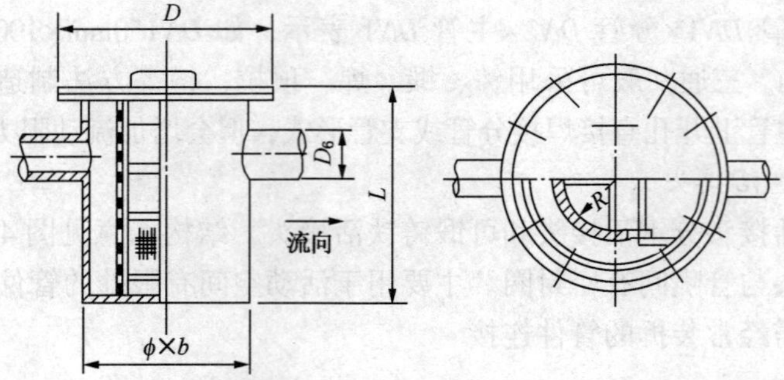

图 4-28　固定筒式过滤器尺寸图

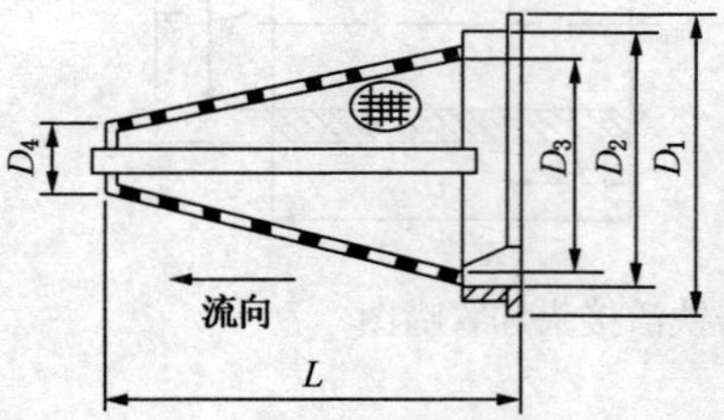

图 4-29　锥台形可拆卸式过滤器尺寸图

（四）管道热应力及其补偿

温度变化时，受约束的管道因不能自由地膨胀或冷缩而产生的应力称为热应力或温度应力。消除温度应力的根本办法就是解除管道的约束。主要方法有：

（1）自然补偿：管道中建造 L、Z、U 形等管道，而不是全直管。

（2）人工补偿：管道中连接 Π 形管、波纹管、填料式补偿及金属软管等。如在油罐进出油短管加装金属软管，还可消除油罐沉降变化的影响；浮码头管道加装金属软管还可避免因潮位、水位变化而造成拉裂管线。

四、管线布置

管线布置、铺设与连接十分重要。布置不妥将会影响生产，不利安全。铺设方式不正确，挠度与坡度不合要求，温度补偿不够等，容易引发事故。连接不紧发生渗漏也会造成漏油，增加油品损失。

（一）管线布置

管线在不同场所有不同布置形式。油库的作业较单一，主要是收油、发油，因此管线布置较简单，多采用单管或双管系统。炼油厂油品储运系统，设备数量多，联系面广，操作比较频繁，作业内容多，包括：收油、调合、发油、输转、装车、循环、扫线等。有时一个罐区几种作业同时进行。因此，炼油厂油品罐区普遍为多管系统布置，而且多是专油专线，各线有各自生产作用，互不影响。在油罐总出口阀外的集合管上总有许多分支连接通往各处管线，如图 4-30 所示。这种布置工艺先进，操作方便，互不干扰，能满足生产与经营各种需要。只是流程较复杂，消耗钢材多，投资较大。

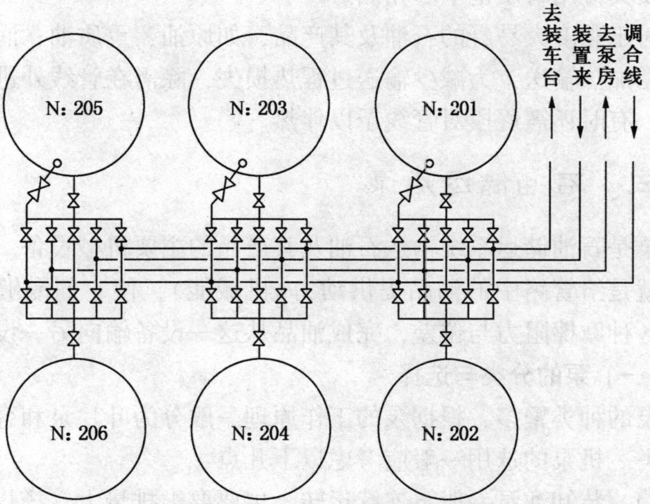

图 4-30　罐区多管布置系统

（二）管线铺设(表 4-22)

表 4-22　油品管线铺设形式

铺设类型	地下铺设	地上铺设	水下铺设
具体方式	埋地铺设、管沟铺设和套管铺设	管架铺设和管墩铺设	江河、海洋水下铺设

（三）管线防腐、保温与伴热

为了延长管线使用寿命，不论输送何种介质，管线均应采取刷漆防腐措施。输送介质不同，铺设方式不同，防腐要求也不尽相同。埋于地下的管线，应根据土层质量、电阻率采取普通级、加强级或特强级 3 种不同防腐方式。普通地面架设的管线，如不需保温，只要在管外壁先除锈，再涂刷一层红丹底漆，然后再刷上一遍醇酸磁漆即可。如需保温，管线保温一般由 4 层组成，由里到外分别是防腐层、保温层、防潮层、保护层。

输送介质不同，保温目的也不一样。蒸汽保温是为减少热损失，水、酸、碱的保温是为防止冻凝，而液氨和石油气体保温是为了防止液体受热汽化压力升高不易输送。因此，对它们的保温结构及其使用材质也不尽相同。

对于黏度大易凝的石油及其产品，如原油、重质油、润滑油等都需加热输送，为减少输送过程热损失，除需在管线外进行保温外，有时还需逐段对管线予以伴热。

五、石油储运用泵

泵是石油储运系统输送石油及其产品的主要机械设备。泵的作用就是给管路中的油品提供动力(机械能)，使它们能够克服管路各种摩擦阻力与位差，完成油品从这一设备输向另一设备。

(一) 泵的分类与选择

泵的种类繁多，根据泵的工作原理一般分为叶片泵和容积泵两大类。机泵的选用一般应考虑以下几点：

(1) 装卸油泵一般不连续运转，主要要求排量大、扬程不用太高，这样可以缩短装卸作业时间，提高油台和车辆利用率，一般多选离心泵。黏度过大，输送困难的油则多选用往复泵或齿轮泵。

(2) 原油泵是管道的关键设备，要求它工作可靠，能长期连续运转，而且压力、流量保持平稳，有利管道长周期、安全、稳定均衡生产，一般多选用离心泵。

(3) 用于输转、调合、倒罐等作业用泵，要求各泵使用灵活，适宜多种工艺需要，泵组之间又可以互为备用，所选机泵流量较大，扬程能满足各种工艺要求，一般也选离心泵。

（4）其他：添加剂品种多、用量小、黏度较大，多选齿轮泵或往复泵；化学药剂则选耐腐蚀离心泵。

各种类型的机泵都有自己特点。应用最广的离心泵和往复泵相比，离心泵的优点是结构紧凑、体积小、价格便宜、转速高、运转连续、操作简便、运转平稳、流量及压力量程范围广，并能输送高温热油或含有机械杂质的液体。但缺点是效率低，而且没有自吸能力。当泵位高于油罐时，需要在泵吸入口灌满液体才能开泵，不适宜输送黏度大的油品。往复泵的优点是自吸能力强，对黏度大、温度高的液体都可输送。它的缺点是主体笨重、转速低、流量不均匀、与电机相连要有减速装置、操作较离心泵麻烦，不宜用于输送透明轻质石油产品。常用各种类型机泵性能特点的比较见表4-23。

表4-23　常用各种类型机泵性能特点的比较

性　能	离心泵	往复泵	齿轮泵	螺杆泵
转　速	转速高，1500～3000r/min或更高	往复次数低，<140次/min	<1500r/min	一般<1500r/min，小型机可达3000r/min
流　量	均匀、随扬程而变化，范围大10～350m^3/h	不均匀，和泵的往复次数有关，与工作压力无关，流量范围小，10～50m^3/h	均匀、比离心泵差些，只与转速有关，与工作压力无关，流量范围小，<30m^3/h	均匀、只与转速有关，与工作压力无关，流量范围大，0.52～300m^3/h
扬　程	与流量有关，在一定流量下，只能供给一定扬程。单级泵10～80m，多级泵>300m	由输送高度和管路阻力决定，只要求泵和线路强度足够大，且电机功率也大，扬程也可相应增高，使用工作压力<980kPa	特点与往复泵一样，使用工作压力<392kPa	特点与往复泵一样，使用工作压力<39.2MPa
功　率	范围大，<50kW	功率小，<20kW	功率小，<10kW	范围大，<500kW

续表

性能	离心泵	往复泵	齿轮泵	螺杆泵
效率	0.5～0.9，较高，随流量变化而变化，在额定流量下最高	0.72～0.93，高，在不同工作压力下，效率仍保持较大值	0.6～0.9，一般，工作压力高时，效率会降低	0.8～0.9
允许吸入真空高度	4.5～7m，最大可达8m	一般可达8m	一般<6.5m	4.5～6m
特点	结构简单，体积小，价格便宜；故障少，使用和维护方便，工作可靠；流量均匀并可调节，且流量和扬程可选范围大；短时关闭出口阀或管路堵塞，机泵仍可运转；操作时，开泵先关出口阀，停泵时未装单向阀的需先关出口阀	能自吸，允许吸入真空高度大，能输送黏度大、温度高的液体。效率变化不大，开泵时必须先开出口阀，不允许管路堵塞，停泵后才能关闭出口阀，流量可以调节，泵压较高，吸入少量空气仍可工作	能自吸，流量较均匀，结构简单，体积小；故障少，使用和维护方便，工作可靠；适宜输送黏度大液体。开泵时必须先开出口阀，不允许管路堵塞，停泵后才能关闭出口阀，流量可以调节，泵压较高，吸入少量空气仍可工作	能自吸，工作平稳，流量均匀，结构简单，体积小，故障少，使用和维护方便，工作可靠；适宜输送黏度大液体。操作方法同齿轮泵，流量和扬程范围很大，特别适合高扬程、大流量下工作，效率也高
缺点	不能自吸，开泵前需灌泵，不能输送黏度大的液体。吸入少量空气泵也不能启动，甚至使泵工作中断	结构复杂，体积庞大，价格较贵；震动大，设备运转有噪声，往复次数低，流量不均匀，故障多，使用和维护不便，不宜输送轻质油品，流量和扬程可选范围较小	泵内零件加工精度高，价格较贵；设备运转有噪声，流量和扬程可选范围较小	泵内零件加工精度高，价格贵；对输送介质要求严，不能有固体颗粒，不宜输送轻质油品
适用范围	原油、汽煤柴油、轻污油、油浆、清水等	燃料油、润滑油、柴油、液体沥青等	渣油、润滑油、燃料油	燃料油、渣油、润滑油

泵的选择原则见表4-24。

表4-24 泵的选择原则

输送要求	选泵原则
大流量、高压头,黏度较小的介质	首选离心泵
介质流量小、黏度大时,用离心泵输送效率低	可选齿轮泵或往复泵
液体含气体时,离心泵效率低、难以正常工作	可选用螺杆泵
需精确控制泵的流量时	宜选用往复式柱塞泵
液体含固体颗粒时	选用专用离心泵——油浆泵
液化气等易挥发性液体	选用专用滑片式转子泵——液化石油气泵

（二）泵房

石油储运用泵通常分区集中布置，在满足防火安全前提下尽量靠近装置或罐区。各系统泵组均建有泵房或泵棚。

1. 泵房的分类

泵房的类型见表4-25。

表4-25 泵房的类型

分类依据	泵房的类型
泵房地坪相对标高	地上泵房、地下泵房、半地下泵房
输送油品(危险性等级)	原油泵房、轻油泵房、燃料油泵房、润滑油泵房、LPG泵房
作业性质	原料泵房、输转泵房、调合泵房、装卸泵房

2. 泵房的平面布置

泵房设备主要包括泵机组、附属设备和阀组两大部分。泵房布置以输油泵机组为主体。布置原则是操作方便，利于检修，排列整齐，留有余地。泵机组数多时，双排布置，两排电机端净距不小于2m。同时对泵房的建筑、通风、电气设备等都有规范要求，如要求油泵房与配电间严格隔开。

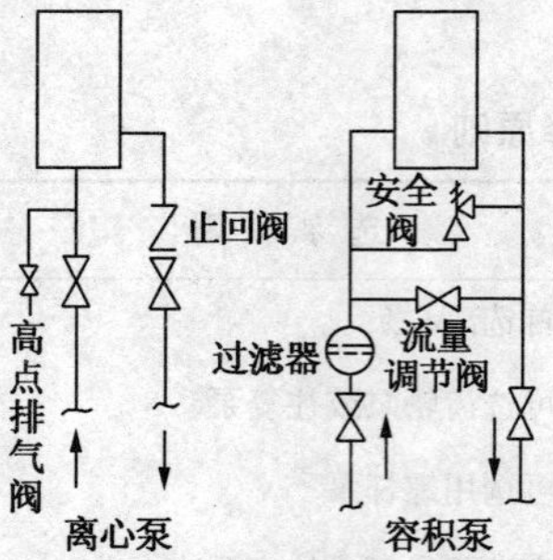

图 4-31　典型的单泵基本流程

3. 泵房流程

流程的设计原则：实用、简洁、安全、灵活。泵的典型流程见图 4-31。

六、管道输送工艺

管道输送其实就是以泵为动力通过管道将石油从储存容器输送到另一储存容器的过程。我国已构建以油田和大型原油码头为中心，覆盖主要炼化企业，国内外原油与成品油可灵活调运的管道运输网络。

常见管道输送工艺见表 4-26。

表 4-26　管道输送工艺的类型

分类依据	管道输送工艺
石油性质	原油管道、成品油管道
输送温度	常温输送、热输送
管理模式及管道长度	内部输油管道、长距离输油管道（长输管道、干线输油管道，长的有数千千米）
单管输送石油的种类	专管输送、顺序输送

（一）长输管道输油工艺简介

1. 管道组成

长距离输油管道由输油站、线路组成。

输油站设有泵房、加热系统、油罐区、阀组间、清管器收发装置、计量间、站控室、油品预处理设施、辅助作业区、生活区等，主要作用是给输送石油加压、加热。首站：接收油品并经计量后输向下站。中间输油站：升压、升温，接力，个数根据具体情况确定。末站：接收管道来油，设有较多的油罐以及油品交接的较准确的计量系统。

输油泵站的连接方式有“旁接油罐”输送方式、密闭输送方式（“从泵到泵”）。

线路包括管道、截断阀室、阴极保护、通讯与自控线路等。

2. 输油管道的水力特性及泵站布置

(1) 输油管道的压能损失

克服地形高差(Z_z-Z_q)：与输量无关

摩擦损失：沿程摩阻 h_l、局部摩阻 h_m

$$h_l=\beta\frac{Q^{2-m}\upsilon^m}{d^{5-m}}L$$

总压降 $H=h_l+h_m+(Z_z-Z_q)$

(2) 管路的工作特性及泵站-管路系统的工作点

管路的工作特性：表示输送一定油品时，管路能耗 H 随流量 Q 变化的关系(如图 4-32)。(耗能)

泵站的特性：泵站的扬程与排量的关系。(供能)

管道输送多采用离心泵输送，主要克服高差时，可采用大扬程的多台泵并联使用；主要克服沿程摩阻时，可采用多台排量大、扬程低、效率较高的泵串联使用。

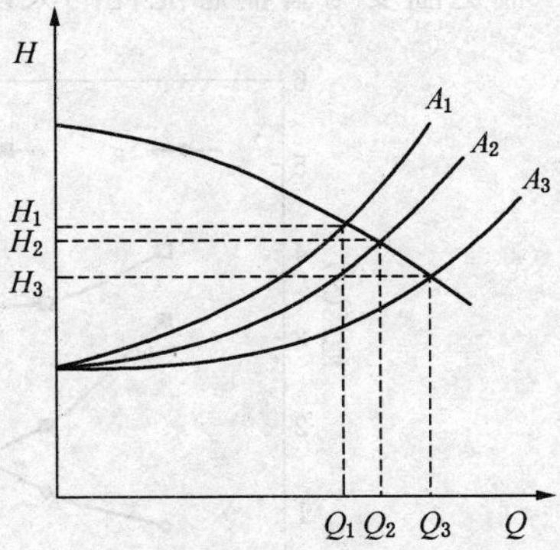

图 4-32 离心泵工况的节流调节

常见管道的管径、压力与管道的输油量关系如表 4-27。

表 4-27 不同管径和压力下管道的输油量

管径/mm	529	720	920	1020	1220
压力/MPa	5.4~6.5	5.0~6.0	4.6~5.6	4.6~5.6	4.4~5.4
输油量/(Mt/a)	6~8	16~20	32~36	42~52	70~80

(3) 输油管道工况的调节

主要调节泵、管路的输送流量和温度，同时需做好输油管道的水击控制。水击是指由于流体的惯性，流速的突然变化引起管内压力的突然上升或下降。其危害有①增压波：超压→管道破裂；②减压波：真空→汽化→气泡→影响泵的正常工作。

可采取泄放保护、超前保护（指令采取相应措施）等加以控制。

3. 输油管道的优化操作

管道的水力与热力特性相互影响。加热站出站温度的确定需要考虑油品的黏度-温度关系、油品蒸气压、管道热应力和防腐层的耐热能力等，进站温度还要考虑油品的凝点。

最佳出站温度：总能耗最低、安全制约。

输送温度与管输总能耗的关系见图 4-33。

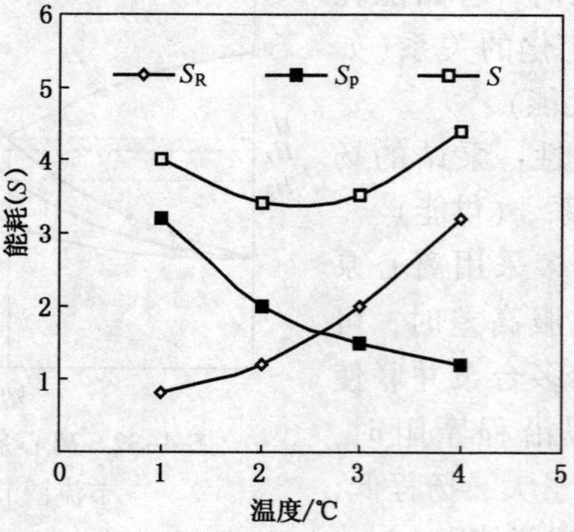

图 4-33　管路总能耗与温度关系曲线

（图中：输油泵的动力消耗费用 S_R，加热的燃料消耗 S_p，管输总能耗 S）

4. 高凝原油的管输工艺技术

高凝原油热输送存在以下困难：①能耗大；②输油量及温度受限制；③允许停输时间短；④设加热站投资及操作费用大。

克服以上输送困难的主要工艺技术有：①添加降凝剂输送；②添加减阻剂输送；③原油混合输送；④热处理输送；⑤水悬浮输送（乳化）；⑥低黏液环输送；⑦气饱和输送；⑧改质输送等。

目前我国采用的主要是前4种工艺技术，其中前2种应用最广、效果最好。

（1）含蜡原油添加降凝剂输送

原理：高分子聚合物（降凝剂）与蜡共结晶，改变蜡晶的形态和结构，增多结晶核均匀分布于原油中，不形成网状结构。

应用效果：典型数据见表4-28。

表4-28　我国部分输油管道应用降凝剂概况

编号	原油凝点/℃	加剂量/（g/t）	加剂处理温度/℃	处理后原油凝点/℃	末站原油凝点/℃
1	22	50	60	5~6	21~22
2	16	50	70	-4	6
3	32	50	65	12~13	21~22
4	32	50	70	16	20
5	36	50	70	23~25	29~31
6	0	8	55	-10	-10

降凝剂改性效果的影响因素见表4-29。

表4-29　降凝剂改性效果的影响因素

影响因素	影　响　情　况
原油及降凝剂的组成	感受性、配伍性，蜡含量越高降凝效果越差
工艺条件	①降凝剂添加量：有最佳量；②加剂处理温度（热处理）；③剪切作用（泵后加剂）；④重复升温（高于热处理温度）

（2）高输量管道的湍流减阻

减阻剂作用机理：减阻剂是油溶性长链结构的分子烃类聚合物，它在油中以蜷曲的状态存在，这种状态存在的聚合物分子是具有弹性的。由于减阻剂的存在，紊流原油中各级旋涡把能量传递给减阻剂分子，使其发生弹性变形，将能量储存起来。这些能量可在减阻剂应力松弛时释放出来，还给相应的旋涡，维持原油的紊流状态，从而减少外界为保持这一状态所必须提供的能量，达到减阻的目的。

减阻剂分子：有效的高分子减阻剂多是线形或螺旋形结构的柔性高分子。已知的减阻剂主要是烯烃的聚合物，如聚异丁烯、丁烯与异戊二烯共聚物或其加氢聚合物、聚乙烯、乙烯与丙烯，或它们与其他烯的共聚物、丁二烯与异戊二烯或苯乙烯的共聚物等等。也试验了一些非烃聚合物，如聚硅氧烷、聚丙烯酸酯、聚甲基丙烯酸酯或其他烯羧酸酯、羧酸醚与醇的共聚物。但不论是何种聚合物，作为减阻剂，都要求有超高的相对分子质量。减阻剂的相对分子质量通常达二三百万，甚至一千万以上。

应用效果：湍流程度（*Re*）越大，其减阻剂效果越好。减阻剂的增输能力一般为38%左右，最高为50%。茂名石化的水茂线原油管输使用该工艺技术，较好地完成原油输送任务，取得了较好的经济效益和社会效益。

对于成品油管道，为了克服线路上的“瓶颈”段或提高输量、平抑输量的季节性波动以及提高管输的经济效益，也可采用加减阻剂的方式输送。

我国管输原油多为高蜡、高黏、易凝原油，其管输和储存过程有其特殊的流变特性，采用新工艺改善原油低温流变性，降低输油温度，实现原油的常温输送，提高输油效率，降低输油成本，将是我国油气储运领域长期科技攻关的方向。

（二）顺序输送工艺简介

顺序输送：在同一管道内，按一定顺序连续地输送几种油料。油料可以是各种原油和成品油。

1. 顺序输送的特点

顺序输送的特点：①需更多油罐；②混油（控制、跟踪、检测、切割、处理的措施和设备）；③输油计划和调度更复杂；④运行参数变化、工作点变化。为保证管道系统安全、高效、经济地运行，必须借助计算机系统进行仿真和监控。

2. 顺序输送中的混油及其控制与处理

（1）混油及其影响因素

混油特性：①管道横截面上流速分布不均匀（层流抛物线），

后行油品呈楔形进入前行油品中；②流体沿管道径向、轴向的湍流扩散作用，雷诺数 Re 越大，则混油越少。

影响因素：流速，输送顺序(轻油赶黏油→混油多)，切换操作(应密闭输油、简化中间站流程)、停输时(密度差→扩散)。

(2) 混油段的跟踪和检测

物性指标检测：密度、声波(汽油 1175~1190m/s、煤油 1320~1335m/s、柴油 1375~1390m/s)、硫含量等。外加标记物检测：添加荧光燃料、化学惰性气体等标记物。

(3) 减少混油量的措施

减少混油量的主要措施：①机械隔离；②液体隔离：缓冲液、第三种油品(如用煤油隔开汽油、柴油)。

输油顺序原则：高级汽油→普通汽油→煤油→燃料油→柴油→普通汽油→高级汽油。

(4) 混油的接收及处理

合理安排输油顺序，前段进前行油罐、后段进后行油罐、中间段进混油罐。混油处理方法：重新加工、降级使用、掺入纯净油品中。

3. *原油—成品油顺序输送*

需解决原油含有胶质、沥青质、蜡、机械杂质等带来的问题。

根据输送任务，结合各条管道的输送能力、首末站库容量，制订合理的输送方案，对每条管道每个时间段的运行方式和输量控制做出具体要求，力求整个管网系统运行平稳、经济。在制订输送方案时尽可能增大每一批次的油量，减少混油界面出现的次数，尽量保持向炼厂按计划均衡供油。

管道运输以其安全、价低、快捷的运输特点，近年来在我国得到重视并不断发展。发展管道运输业对于石油石化企业进一步优化内部原油资源配置，加快国外原油资源的利用，降低经营成本，增强国际竞争力，改善国民经济运行质量都具有极为重要的意义。

第五章 石油计量

石油计量是企业管理和计量工作一个重要组成部分，也是石油储运系统数量管理的一项技术基础工作。石油计量包括原油的计量和成品油的计量，一般简称油品计量，它贯穿在石油生产、装卸、储存、运输和经销全过程，在生产和经营活动中起着非常重要的作用。没有计量，就没有数量，生产的发展和企业经营的好坏就难以准确表现，产、运、销间的流通和贸易往来就无法统计和结算，能源消耗与节约也无法考证，一切生产与经营活动就会处于混乱状态。因此，加强石油计量管理，为生产与经营提供齐全、准确数据，对促进石油生产发展，做好计划生产与分配，提高产品质量，保证生产安全，搞活产品流通，开展对内和对外贸易，反映经营成果具有十分重要意义。

计量的正确与否，决定于油品的计量方法、使用工具、操作技术等因素。

第一节 石油计量概述

一、计量的一般概念

根据《中华人民共和国计量法》、国家质量监督检验检疫总局发布的中华人民共和国国家计量技术规范 JJF 1001—2011《通用计量术语及定义》，石油计量的有关概念简述如下。

1. 计量

计量是“实现单位统一、量值准确可靠的活动”。计量的概念起源于商品的交换，在古代，人们生活中最迫切需要的测量工具就是尺、斗、秤。计量的特点概括为准确性、一致性、溯源性及法制性。

准确性：是指测量结果与被测量真值的一致程度。在现实生活中不存在完全准确无误的测量，因此通过计量不仅要明确给出被测量的数值，还必须给出不确定值或误差范围。否则被测出的量值就不具有充分的实用价值。

一致性：是指在任何一计量单位的基础上，无论在不同的时间、地点、采用不同的计量方法，使用不同的计量器具或由不同的人对同一量值进行测量时，只要符合有关要求，其测量结果就应在规定的误差范围内一致。也就是说，测量结果是可重复、再现和比较的。

溯源性：是指任何一个测量结果或计量标准值，都能通过具有规定不确定度的连续比较链与计量基准联系起来。通常可以追溯到国家的基准，以至国际的基准，从而使准确性和一致性在技术上得到保证。

法制性：计量的社会性，不但要依赖于科学技术手段，而且还必须有由政府主导建立起来的法律保障。特别是对直接影响国计民生、涉及公民利益、需要特殊信任的领域，更要有法律保障。

2. 计量器具

计量器具是指“能用以直接或间接测出被测对象量值的装置、仪器仪表、量具和用于统一量值的标准物质，包括计量基准器具、计量标准器具和工作计量器具。”

计量器具是计量工作的硬件基础，依法自主管理计量器具是计量管理的基本任务。

3. 计量基准、国家基准、副基准、计量标准

计量基准：“为了定义、实现、保存或复现量的单位或一个或多个量值，用作参考的实物量具、测量仪器、参考物质或测量系统。”例如：1kg 质量标准。

国家基准：经国家鉴定并批准作为统一全国量值最高依据计量标准称为国家基准。国家计量基准是全国量值溯源的最终端，

是统一全国量值的最高依据。

副基准：通过直接或间接与国家基准比对或校准来确定其量值，并经国家鉴定，实际用于检定批准的计量器具。建立副基准的目的是代替国家基准的日常使用，也可以验证国家基准的变化。

工作基准：是经与国家基准或副基准比对或校准，并经国家鉴定，实际用于检定计量标准的计量标准，以防止国家基准和副基准由于频繁使用而丧失其应用的准确度或遭受破坏。

计量标准：是按照国家规定的准确度等级，作为检定依据的计量器具或标准物质。计量标准可以按不同的准确度分成若干等级。

4. 检定

检定是查明和确认计量器具是否符合法定要求的程序，它包括检查、加标记和(或)出具检定证书。

5. 校准

校准是在规定条件下，为确定测量仪器或测量系统所指出的量值，或实物量具或参考物质所代表的量值，与对应的由标准所复现的量值之间关系的一组操作。即：①校准结果即可给出被测量的示值，又可确定示值的修正值；②校准也可确定其他计量特性，如影响量的作用；③校准结果可以记录在校准证书或校准报告中。

6. 比对

比对是指在规定条件下，对相同准确度等级的同种计量基础、标准或工作计量器具之间的量值进行比较。

7. 量值传递

是通过对计量器具的检定或校准，将国家基准(标准器)所复现的计量单位量值，通过各等级计量标准传递到工作计量器具上，以保证对被测对象所测得量值的准确和一致的过程。

二、油品计量方法

目前油品计量方法有质量法、体积质量法和体积法 3 种(如

表 5-1）。按油品所处状态又可分为动态计量和静态计量。

表 5-1　计量方法概述

计量方法	计量器具及概要	计量结果
体积法	标准量油尺测油品高度,由油罐容积表查得油品体积;测温盒、测温仪测油品温度。或体积流量计测体积	换算为标准体积
体积质量法	测油品体积,测温度,测密度	换算为标准体积、标准质量
质量法	台秤、汽车衡、轨道衡等衡器（磅秤）称重或质量流量计测质量	换算为标准质量

动态计量通俗讲就是表（流量计）计量,是油品在管线流动经过表（流量计）而被其计量数据的过程。流量计种类众多,不同的流量计由于工作原理不同,计量方法也不同甚至相差甚远。常见的流量计有差压式流量计、涡轮流量计、涡街流量计、超声波流量计、容积式流量计、质量流量计等。

静态计量大体分为衡器计量和容器计量两种。衡器计量使用各种俗称为“秤”的衡器为装载油品的承具进行称重,去皮后即可得出承具内油品质量。衡器种类繁多,常见有台秤、汽车衡、轨道衡等。容器计量是油品计量最常见的计量方式,其基本原理一致,计量方法也基本相似。计量的根本原理是对标注体积的容器内油品实施检尺、检温等计量操作,得出容器内油品的体积,然后根据油品的密度、温度等参数计算油品质量。

采用何种计量方法及计量器具,应视具体情况而定。一般有以下基本选用原则。

（1）油罐交接计量、铁路油罐车、油船、油驳的装卸油计量采用人工检尺计量方法。

（2）原油、液体产品、气体产品的管道输送,汽车罐车装油、生产装置之间原料互供等采用流量计。

（3）下列情况采用衡器计量:①瓶装液化气、桶装石油产品或袋装、盒装液体产品等采用衡器逐桶、逐瓶、逐袋过磅计量。②固体产品(如沥青、油焦、石蜡、硫黄等)的汽车或火车运输均采用地衡或电子轨道衡逐车过磅计量。③石油气体(如丙烯、液化石油气等)或石油液体(如汽油、煤油、柴油、润滑油、液体沥青或丙烯腈等)产品用汽车罐车或铁路罐车运输时,均采用汽车衡或电子轨道衡逐车过磅计量。④下列情况多采用自动仪表计量:金属油罐、石油气体球罐的液面、温度、压力自动遥测;油罐汽车、铁路罐车的自动定量装车;液体或气体管道输送的自动计量等。

第二节　油 罐 计 量

油罐内石油量采用人工检尺方法计量，即用标准量油尺测油品高度，再由油罐容积表查得石油体积。油罐计量需测得液体石油高度 H_t、视温度(也称观察温度)、油罐内的温度 t 和视密度 ρ_t 等四个原始数据。油罐计量须按标准计量器具、标准测量方法进行，执行 JJF 1014—1989《罐内液体石油产品计量技术规范》。

一、油罐计量中的计量器具

标准 GB/T 13236—2011《石油和液体石油产品储罐液位手工测量设备》规定了油罐计量的部分设备和技术条件。

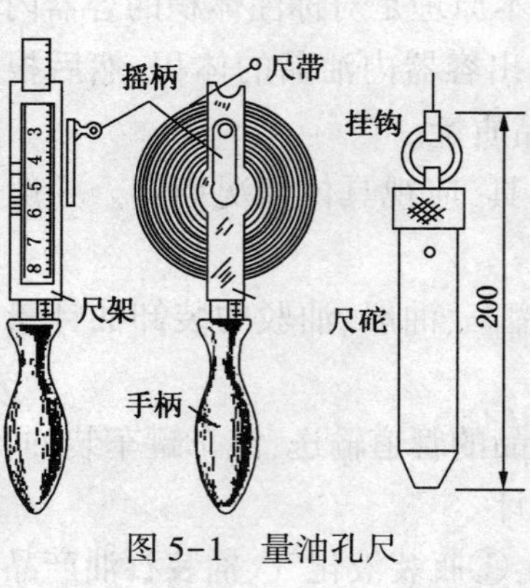

图 5-1　量油孔尺

(一) 量油尺

量油尺是用于测量油罐内液体高度或空间高度的专用尺。

1. 量油尺的结构

量油尺由尺砣、尺架、尺带、挂钩、摇柄、手柄等部件构成，如图 5-1。

尺砣由具有合适密度的不打火材料(如铜)制成，测量低黏度油品的量油尺，采用轻型尺砣，重 0.7kg，测量高黏度油品采用的尺砣重 1.6kg，用挂钩将尺砣连接在尺带上。砣身呈圆柱形，下端呈圆台形，它的底面就是量油尺的零点。所以尺砣和旋转闭合的转动钩必须固定，不能调换或松动。尺架上装有鼓轮和轴，轴的一端连接摇柄。摇柄的作用是将尺带卷在鼓轮上，摇柄上刻有量油尺的标称长度。

2. 量油尺的技术要求

① 尺带必须是碳含量高(约为 0.8%)的，具有一定弹性的连续钢制尺带，钢带经热处理后，在鼓轮上收卷和伸开不得留有残存的变形。②尺带表面必须洁净，不得有斑点、锈迹、扭折等缺陷；边缘应平滑，不得有锋口和倒刺。③尺带的一面蚀刻或印有米、分米、厘米和毫米等刻度及其相应的数字，尺带上所有刻线必须均匀、清晰、并垂直于钢带的边缘。④表示分米、米的刻线或印有米、分米、厘米和毫米等刻度及毫米的刻线长度应为带宽的 2/3 和 1/2。⑤厘米、分米、米的分度值必须标有数字。⑥量油尺的最大允许误差必须符合表 5-2 规定。

表 5-2 量油尺的最大允许误差

量油尺长度/m	新量油尺的最大允许误差/mm	使用中量油尺的最大允许误差/mm
0.000~30.000	±1.5	±2.0
30.001~60.000	±2.25	±3.0
60.001~90.000	±3.0	±4.0

3. 量油尺的使用规定

使用量油尺前，应注意检查油尺是否合格，使用中的量油尺必须符合以下规定：

① 尺带不许扭折、弯曲及镶接；②刻度线、数字应清晰；③尺砣尖部无损坏；④有检定周期内的修正值表；⑤使用量油尺前应校对零点，并检查尺砣与挂钩是否连接牢固。

量油尺使用后应擦净，收卷好，放在固定的尺架上。油品交接计量使用的量油尺检定的周期最长不超过 6 个月。

（二）测水尺

测水尺与前面介绍的尺带组合使用来测量油罐底部游离水的高度，技术要求如下：①测水尺应采用与金属摩擦不发生火花的铜或铝合金材料制成；②测水尺表面应光洁，刻线清晰，质量不小于0.6kg，垂直立在平面上应构成90°角，误差倾斜不超过0.5°；③测水尺的工作长度通常为350mm，按厘米和毫米刻度。

（三）温度计

1. 测温仪表

(1) 水银温度计

种类有：杯盒温度计、充溢盒温度计、套管盒温度计、空气夹套温度计等。水银温度计，结构简单，易制作，只要对其作定期检定，一般都能得到准确温度。但它操作麻烦，特别是对一些油品不易读数，要求取出后要迅速读数，否则，会受到外界气候影响。石油计量多选用玻璃棒水银温度计。

(2) 测温仪

有热偶、电阻、热敏电阻等测温仪，操作方便，易读数，并直接代表被测点的温度，不易受外界条件影响，易实现测温自动化。

2. 测温盒

测温盒是检测罐(车)内油品温度的专用工具，测温盒应用硬木、铜质或铝合金材料制成，所用提拉绳应选用符合防静电要求的材料。

3. 温度计的使用规定

油品交接计量应选择最小分度值为0.2℃的玻璃棒全浸没水银温度计。使用中的温度计应符合以下规定：①玻璃液体温度计的玻璃应光洁透明，不得有裂痕和影响强度的缺陷；②温度计的刻线和数字应清晰；③毛细管内的液柱不得中断；④有检定周期内的修正值表。

（四）采样器

采样器(如图5-2)是为采集油罐内油样、用来检测油品质量和密度的专用工具。主要规格及要求：①材质为钢质、铜或铝合金材料制成，有厚壁（底部可卸）、薄壁之分。②采样器的自身质量应是排出液体质量的1.2~2倍。③采样器的总容量有165mL、330mL、500mL、1000mL、1200mL等规格。④采样器底部垫铅（或铝）要牢靠，瓶口塞要严密、光滑、松紧适度。⑤要求取样绳防静电。⑥加配2支1000mL容量的量筒。

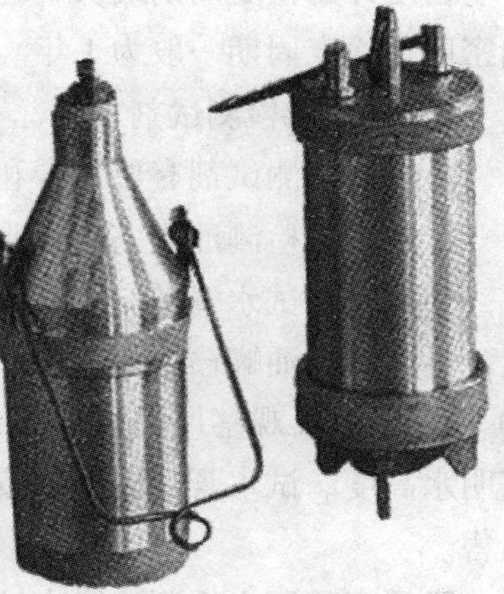

图5-2　液体石油采样器

（五）石油密度计

用于测量石油密度的密度计称石油密度计。

1. 石油密度计的种类及技术要求

在石油交接计量工作中，密度计的在用数量很大，且是易损坏的计量器具。标准SH/T 0316—1998《石油密度计技术条件》中规定了SY-02、SY-05、SY-10三个系列玻璃石油密度计的技术条件，这些密度计用于测定液体石油产品的20℃密度，密度范围为600~1100kg/m^3。

2. 密度计的使用规定

SY-02、SY-05、SY-10三个系列的密度计标准温度为20℃，分度值分别为0.2kg/m^3、0.5kg/m^3和1kg/m^3，用于低表面张力的石油液体。所用密度计应符合下列规定：①密度计的玻璃应光洁、透明、无裂痕和其他影响读数的缺陷；②密度计的分度标尺刻线和数字应清晰，标尺纸条应牢固地贴于干管内壁，并应有判断标尺是否发生移动的标记；③密度计的金属弹丸不得有明显的移动；④应有检定周期内的修正值表。

密度计的检定周期最长不超过 2 年，用于油品交接计量的石油密度计检定周期一般为 1 年。

（六）计量检测试剂

计量用检测试剂有试水膏和量油膏两种。

试水膏是检测油罐内有无明水的有效试剂，它遇水后即会变色。使用时将试水膏均匀涂在检水尺或量油尺的预测高度尺面上，垂直放入油罐（或罐车、船舱）至底部，停留时间约为 10～20s，取出量尺观察尺面试剂颜色变化位置，即可确定油罐内含有明水高度。试水膏过去都是按配方自行配制，现市场已有成品出售。

量油膏是用来检测油罐内油面高度的有效试剂，遇油也会变色，常用来检测易挥发的轻质油品。使用方法同试水膏一样，下到油罐内停留约 10～30s 后，提起量尺观察尺面试剂颜色变化位置，即可检测出油罐内液面高度。

现在已有采用电子感应器，感应头遇油、遇水时会发出相应响声或信号。

（七）容积表

容积表是油罐等油罐盛装的液体高度与其液体容积之间对应关系的数据表。每个油罐、油罐车、油轮或其他油罐都有自身的容量表。

二、油罐计量（油罐内石油的计量方法）

油罐石油静态测量的有关术语见表 5-3。

表 5-3　油罐石油静态测量的有关术语

术　语	定　义
石油静态计量	石油在油罐中处于静止状态下的计量
检尺口	油罐顶部的一个孔，用于人工测量液位、取样和油温测量（又称计量孔）

续表

术　语	定　义
参照点	在检尺口上的一个固定点或标记，即从该点起进行计量
检尺点	在油罐底部的检尺板上，测量液位时，量油尺尺砣接触的点(基准点)
油面高	从油品液面到检尺点的距离
水　高	从油、水界面到检尺点的距离
油　高	从油品液面到油、水界面的距离
空距(空高)	从参照点至油罐内油品液面的距离
修正值	为消除或减小系统误差，用代数法加到未修正测量结果上的值
参照高度	从参照点至基准点的距离
检实尺	用量油尺直接测量油罐内液面至检尺点的距离的过程
检空尺	测量参照点至罐内液面(空距)的过程

(一) 油罐内的液位测量

油罐内的液位测量普遍采用人工测量(也叫人工检尺)，即用量油尺进行测量。所有测量操作应符合 GB/T 13894—1992《石油和液体石油产品液体测量法(手工法)》的规定。

1. 操作前的准备

上罐操作前，首先检查计量器具及试剂是否合格和携带安全，了解被测量的储油油罐及相连管线的储油工艺情况及液面稳定时间。油品交接计量前，应先排放罐底游离水。

2. 油面高测量

对于黏度不大的轻质油品(如汽油、煤油、柴油、苯类、抽余油、石脑油、重整料、轻污油和轻质润滑油等)宜采用实高测量法(检实尺)。检尺操作时，站在上风头，一手握尺小心地沿着计量口的下尺槽下尺。尺砣不要摆动，另一手拇指和食指轻轻地固定下尺位置，使尺带下伸，尺砣将接触油面时应缓慢放尺，以免破坏油面的平稳。当下尺深度接近参照高度时，用摇柄卡住尺带，手腕缓缓下移，手感尺砣触底后核对下尺深度(下尺深度应等于参照高度)，以确认尺砣触底。对于轻油可立即提尺读数，对于黏油稍停留数秒钟后提尺读数。读数时摆动尺带，借助光线折射读取油痕的毫米数，再读大数。轻油易挥发，读数应迅速。若尺带油痕不明显，可在油痕附近的尺带上涂拭油膏。连续测量 2 次，读数误差不大于 1mm，取小的读数，超过时应重新检尺。

对于黏度很大的油品(如原油、渣油、蜡油、重污油、油浆、液体沥青、黏稠润滑油等)，由于量油尺在油品中沉降极其缓慢，采用空高测量(检空尺)更合适。这样不仅可以缩短测量时间，还可避免油品沾污量油尺。待油面稳定后，站在油罐顶部计量的口的上风头，一手握尺，小心地沿参照点的下尺位置下尺。下尺时砣不要摆动，尺砣接近油面时应缓慢下尺，以防静止的油面被破坏。当尺砣和部分尺带进入油层后，卡住尺带，用另一手指压住尺带，对准计量口的对照点停留 1min 后，读取与参照点相重合的尺带刻线求值 L。L 值最好是整数，否则可将尺带继续下伸，使 L 值的刻线读数是厘米以上的整数。提尺后读取尺的浸油深度 L_1，$(L-L_1)$ 即为空间高度(空距)。油罐的总高减去空间高度，即为油罐内油面的高度。表达式为：

$$H_1 = H - (L - L_1) \qquad (5-1)$$

式中 H_1——油面高度，m；

H——油罐参照高度，m；

L——尺带下尺高度求值，m；

L_1——浸油深度，m。

空距应连续测量 2 次，读数误差不得超过 2mm。若 2 次读数误差不超过 1mm，取第一次测量值；若超过 1mm，取两个测量值的平均值。

3. 罐内底水的测量

将测水尺擦净，在估计水位的高度上，均匀地涂上一层薄薄的试水膏，然后将测水尺在油罐计量口的指定下尺槽降落到油罐内，直至轻轻地接触罐底。应保持测水尺垂直，停留 5～30s 后，将测水尺提起，在试水膏变色处读数，即为油罐内底水高度。

当油罐内底水高度超过 300mm 时，可以用量油尺代替测水尺。

4. 油层高度计算

油层高度=油面高度-底水高度

5. 其他规定

(1) 检尺部位。不同容器的检尺部位如表 5-4。

表 5-4　不同容器的检尺部位

油　罐	进行检尺部位
立式、卧式金属罐	在罐顶计量口的下尺槽或标记处(参照点)
铁路罐车	在罐体顶部人孔盖铰链对面处
油　船	舱上有两个以上计量检测口时，应在油舱容积表规定的计量口进行检尺

(2) 液面稳定时间。收、付油后进行油面高度检尺时必须待液面稳定、泡沫消除后方可进行检尺，其液面稳定时间有如下规定时间：对于立式金属罐，轻油收油后液面稳定 2h，付油后液面稳定 30min；重质黏油收油后液面稳定 3h，付油后液面稳定 1h。对于卧式金属罐和铁路罐车，轻油液面稳定 15min，重质黏油稳定 30min。

(3) 新投用和清刷后的立式油罐应在罐底垫 1m 以上油后，再进行收、付油品交接计量。

(4) 浮顶罐的油品交接计量，应在浮顶起浮后进行量油，以避免收、付油后浮顶状态发生变化产生计量误差。

(5) 油品交接计量前后，与油罐相连的管路工艺状态应保持一致。

(二) 石油温度的测定

温度对油品体积影响较大，温度每变化 1℃，油品体积约变化 6/10000~18/10000，所以准确地测出油品温度对石油计量有着重要意义。

由于外界温度影响和油品本身的对流作用，油罐内油品温度场往往是不均匀的。对于轻油罐，罐内的温度场主要受阳光辐射和大气温度的影响。白天油面温度高于下层油品温度；夜晚和清晨，油面温度则低于下层油品的温度。带有加热装置的黏油罐，则主要受加热器的影响。温度沿油高的变化，如图 5-3 所示。

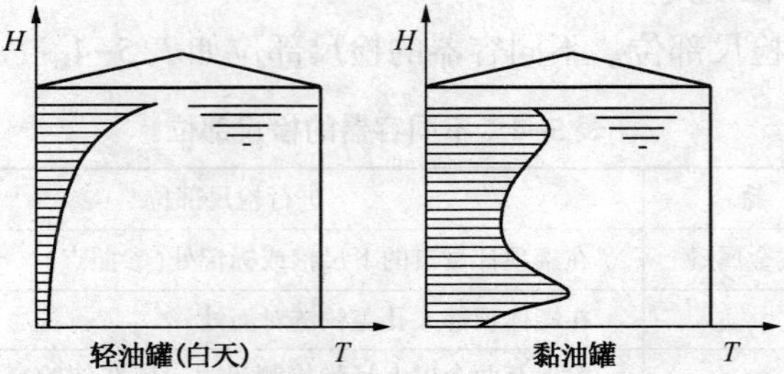

图 5-3　罐内油品温度场

因此，测量油罐内油品液面高度后，应立即测量油温，油温测量详见 GB/T 8927—2008《石油和液体石油产品温度测量　手工法》。

1. 测温部位

为了准确地测定油品温度，必须正确地选用测温仪表和测定位置。根据储存石油高度确定测温点(如表 5-5)，这样测得的油品温度值经修正后方可用于计算。

表 5-5　测温部位的选用原则

石油高度/m	测　温　点	报告的油品温度
<3	油高中部	实测温度
3~5	油品上液面下 1m 处、下液面上 1m 处	2 点温度的算术平均值
>5	油品上液面下 1m、油高中部、下液面 1m 处	3 点温度的算术平均值
>5	有一点温度与 3 点平均温度相差大于 1℃时，在上部和中部、中部和下部测量点之间各加测一点	5 点温度的算术平均值

2. 测温停留时间

将杯盒温度计放入测温部位后最少浸没时间见表 5-6。

表 5-6　测温停留时间

石 油 性 质	浸没时间/min
轻油以及 $\nu_{40} \ngtr 20mm^2/s$ 的其他油品	$\nless 5$
原油、润滑油以及 $\nu_{40} > 20mm^2/s$ 而 $\nu_{100} < 36mm^2/s$ 的其他油品	$\nless 15$
重质润滑油(气缸油、齿轮油、残渣油)以及 $\nu_{100} \nless 36mm^2/s$ 的其他油品	$\nless 30$

3. 测温操作注意事项

（1）油温测量至少距油罐壁 300mm。

（2）对加热的油罐车，应使油品完全成液体后，切断蒸汽 2h 后测量油温，如提前测油温应在油高的 3/4、1/2 和 1/4 处测上、中、下 3 点油温，取其平均值。

（3）对油船或油驳内油温的测量，2 个舱以内应逐个测量，3 个以上相同品种的油，至少测量半数以上的油舱温度。若各舱油温与实际测量舱数的平均油温相差 1℃以上，应对每个舱做温度测量。

（4）杯盒温度计的提拉绳应采用摩擦不生产火花的绳和链。

（5）采用手提式的石油数字温度计测量油温时，应按上述的测温部位进行测量，每一点的测温停留时间以温度数字显示相对稳定为准。石油数字温度计应符合安全防爆规定并具有与水银温度同等的准确度。

（三）石油试样的选取及石油密度、含水量的测定

1. 油罐内的油品取样

在进行计量时，需要从油罐中选取少量有代表性的油品，进行密度及含水量等测定，这部分油品称为试样。试样的选取，最理想的方法是连续地从不同高度上采取油品的平均试样，但这样取样比较复杂，操作也比较麻烦。因此，目前最广泛应用的是选取若干个体试样组成平均试样。实践证明，这种试样基本能真实地反映油罐内全部油品的性质。

取样前的准备：①选择清洁干燥、不渗漏、耐溶剂作用、有足够强度、容量适合的取样器、取样设备和收集器。②收集器可供储运和运送试样，应有合适的塞子或阀密封试样。

油品取样操作应符合 GB/T 4756—2015《石油液体手工取样法》中的规定。为取得代表性式样应按照表 5-7 规定执行。

表 5-7　取样要求规定表

油品	油罐名称	取样部位	取样份数	取样油罐数
均匀油品	立罐液面3m以上，油船舱（每舱）	顶液面下1/6处、液面深度1/2处、顶液面下5/6处	各取一份按等体积1∶1∶1混合成平均样	油船舱3个以下全取，同品种4个以上取4个
均匀油品	立罐液面低于3m，卧罐容积小于60m³，铁路罐车（每罐车）	液面深度1/2处	各取一份	（1）立罐、卧罐每罐取样品1个；（2）罐车同一油品数量≤3辆，每辆车取样品1个；罐车同一油品数量>3辆，取样品4个
非均匀油品	立罐	出口液面向上每米间隔取样	每份分别实验	

取样方法及操作注意事项：

① 取样时，首先用待取样的样品冲洗取样器一次，再按照取样规定的部位比例和上中下的次序取样，以避免底层油品被搅动。

② 试样油罐应有足够的容量，取样结束时至少留有 10%的无油空间（不可将取满油罐的试样再倒出，造成试样无代表性）。

③ 试样取样回后，应分装在两个清洁干燥的瓶子里密封好，供试样分析和提供仲裁使用。贴好标签，注明取样地点，油罐（罐）号，日期，油品名称，牌号和试样类型等。

④ 安全操作应遵照国家安全规程和石油安全操作规范执行。

2. 石油密度的测定

石油密度的测定按 GB/T 1884—2000《原油和液体石油产品密度实验室测定法(密度计法)》进行。

3. 石油含水测定

按 GB/T 8929—2006《原油水含量的测定 蒸馏法》测定原油含水量，按 GB/T 260—2016《石油产品水含量的测定 蒸馏法》测定石油产品的含水量。

(四) 计量结果的修正值与偏差

根据 JJF 1001—2011《通用计量术语及定义》，修正值指用代数方法与未修正测量结果相加，以补偿其系统误差的值。即：

修正值=真值-未修正测量结果

所以：

真值=未修正测量结果+修正值=未修正测量结果-误差

未修正测量结果加上修正值后可消除误差的影响，也就相当于从未修正测量结果中扣除误差，修正值与误差的符号相反。

在准确的计量中，通常都采用加修正值的办法来保证量值的准确一致。计量标准或工作计量器具送上级计量机构检定，其目的之一就是为了获得一个准确的修正值。比如用一支经检定合格的密度计，测得汽油的密度为 $0.7350g/cm^3$，而该密度计在 $0.7350g/cm^3$ 分度上的修正值是 $-0.0002g/cm^3$，则汽油的实际密度是：$0.7350+(-0.0002)=0.7348g/cm^3$。

在油品计量中也常涉及修正值的使用，如量油尺、温度计、密度计等。一般情况下，检定部门给出的计量器具合格证书都附有该器具的分段修正值表，其中量油尺是每间隔 1m 给出一个修正值，温度计是每隔 10℃ 给出一个修正值，密度计则是每隔 $0.01g/cm^3$ 给一个修正值。而我们具体测液高、油温、密度时，在计量器具上显示的读数不可能恰好落在有修正值的那个刻度上，大多情况都是在两相邻刻度之间，此时如何计算修正值呢?

对于温度计和密度计，我们采用比例内插法(线性插值法)求被测量的修正值，其计算公式如下：

$$\Delta x = \Delta x_1 + (\Delta x_2 - \Delta x_1)/(x_2 - x_1) \cdot (x - x_1) \quad (5-2)$$

式中 x，Δx——测量示值和其对应的修正值；

x_1，x_2——测量示值 x 的下、上邻近被检分度值；

Δx_1，Δx_2——分度值 x_1、x_2 的修正值。

例 5-1 用石油玻璃温度计测得煤油的温度为 14.6℃，已知此温度计在 10℃和 20℃时的修正值分别为-0.2℃和+0.1℃，求修正后的实际油温是多少？

解：根据比例内插法公式，

$$\Delta x = -0.2+[0.1-(-0.2)]/(20-10)\times(14.6-10)$$
$$= -0.062 \approx -0.1℃（保留一位小数）$$

故修正后的实际油温 $t=14.6+(-0.1)=14.5$℃

对于量油尺则一般按就近原则进行修正，这是因为量油尺每米误差不会大于+1mm（检定合格要求）。设 $x_1 \leqslant x \leqslant x_2$，则有：

当 $x-x_1<x_2-x$ 时，取 $\Delta x=\Delta x_1$；

当 $x-x_1>x_2-x$ 时，取 $\Delta x=\Delta x_2$；

当 $x-x_1=x_2-x$ 时，取 $\Delta x=\Delta x_1$，亦可取 $\Delta x=\Delta x_2$。

例 5-2 用量油尺测油高 5847mm，已知该尺在 5m 处的修正值为-2.2mm，在 6m 处的修正值为+3.8mm，求修正后的真实油高。

解：按就近原则，$x=5847$mm 接近 6m，使用 6m 处的修正值进行修正，即：

$$\Delta x=\Delta x_2=+3.8\text{mm}$$

故修正后的油高：

$$h=x+\Delta x=5847+3.8=5850.8\approx5851(\text{mm})（取整数）$$

根据 JJF 1001—2011《通用计量术语及定义》，偏差的定义为一个值减去其参考值。参考值也就是我们平常所说的标称值，偏差描述了标称值偏离真值（约定量值）的程度，即：

偏差=实际值-标称值

例如：标称容量为 100L 的标准金属量器，经上一级标准量器检定，结果为 100.004L，那么该金属量器的偏差=100.004-100=4mL。

第三节　容　积　表

容积表反映了油罐中任意高度下的容积，即从油罐底基准点起，任一垂直高度下该油罐的有效容积。容积表编制的基础是按照油罐的形状、几何尺寸及油罐内的附件体积等技术资料为依据，其编制方法有实测和计算两种。实测法是用标准油罐或流量计将已知数量的水注入油罐或油罐中，同时测量油罐内装水高度，然后计算在此高度范围内，每1cm高度的容积，并编制成表。这种方法对于形状不规则的小油罐较为适用，对于较大油罐，由于受标准油罐精度、检尺精度等影响，积累误差较大，因而广泛应用计算法。计算法是首先测量出油罐的几何尺寸，然后通过计算编制成表。这种方法的特点是精确度高，操作简单。

容积表一般是以cm或dm为单位，依照油罐满量程的检尺高度，按序排列编制的。不足dm或cm的，用线性插值法计算(例如：球罐和卧罐)。若在某一区间内单位高度的容积不变，可以单独列mm高度容积表(如：立式罐)。下面根据JJG 168—2018《立式金属罐容量检定规程》、JJG 266—2018《卧式金属罐容量检定规程》、JJG 642—2007《球形金属罐容量检定规程》、JJG 140—2018《铁路罐车容积检定规程》、JJG 133—2016《汽车油罐车容量检定规程》、JJG 702—2005《船舶液货计量舱容量检定规程》等介绍各类油罐容积表的编制和使用方法。

一、立式金属罐容积表

1. 立式金属罐容积表的编制依据

立式金属罐的罐体是一个直立的圆筒，它分若干层，从下至上依次第一圈板、第二圈板、……。若不考虑罐体变形，则每圈板容积V_i为：

$$V_i = \pi/4 \cdot d_i^2 \cdot h_i \qquad (5-3)$$

式中　d_i——第 i 圈板的内径；

h_i——第 i 圈板的内高。

立罐总容积为：

$$V_n = \sum_{i=1}^{n} V_i \tag{5-4}$$

式中　$i=1, 2, 3, \cdots, n$，是圈板的序号。

由此可知，在容积检定中，只要测量出各圈板的内高和内径，即可从计量基准点起，从下至上求出该罐的部分容积，并以表格的形式编制出液位高度和它所对应的容积间的函数关系。

若考虑罐底不平和罐内附件体积的修正值以及液体静压力引起罐壁弹性变形的修正值，则每一圈板的容积 V_i 为：

$$V_i = \pi/4 d_i^2 h + \Delta V_{压} + \Delta V_{件} + \Delta V_{排} + \Delta V_{斜} \tag{5-5}$$

式中　$\Delta V_{压}$——液体静压容积修正值；

$\Delta V_{件}$——罐内附件体积，其体积使罐内有效容积增加时，$\Delta V_{件}$ 为正值，反之为负值；

$\Delta V_{排}$——罐底不平度修正值；

$\Delta V_{斜}$——罐倾斜的修正值。

2. 立式金属罐容积表的编制

容积表是指罐不同高度对应于不同容量，以 1cm 高为间隔，从计量基准点算起直到罐的装液安全高度一列对应的容积值。

立罐容积表一般包括表 5-8 所列三部分，如表 5-9。

表 5-8　立罐容积表的组成

表　名	内　容
主　表	从计量基准点起，以间隔 1cm 高对应的容积，累加至安全高度所对应的一列有效容积值
附表(小数表)	按圈板高度和附件位置划分区段，给出每区段高度 1~9mm 的一列对应的有效容积值
容量静压力修正表	一般是按储存介质的密度为 1g/cm³，储存高度从基准点起，以 1dm 间隔累加至安全高度所对应的一列罐容积增大值(静压压缩油品，所以容量静压力修正为增值)

表 5-9a 立式金属罐容积表(部分)

罐号：教学 1# 液体密度： kg/m^3 参照高度：14.007m

高度/m	容积/kL	高度/m	容积/kL	高度/m	容积/kL	毫米容积表	
						(0.000~1.199m)	
0.00	0.000	0.10	12.172	0.20	28.422	mm	kL
0.01	1.217	0.11	13.521	0.21	30.078	1	0.166
0.02	2.434	0.12	15.177	0.22	31.733	2	0.331
0.03	3.652	0.13	16.832	0.23	33.389	3	0.497
0.04	4.869	0.14	18.488	0.24	35.044	4	0.662
0.05	6.086	0.15	20.144	0.25	36.700	5	0.828
0.06	7.303	0.16	21.799	0.26	38.356	6	0.993
0.07	8.521	0.17	23.455	0.27	40.011	7	1.159
0.08	9.378	0.18	25.111	0.28	41.667	8	1.325
0.09	10.955	0.19	26.766	0.29	43.323	9	1.490
						(7.200~8.399m)	
7.20	1184.163	7.60	1250.238	8.00	1316.312	mm	kL
7.21	1185.815	7.61	1251.889	8.01	1317.964	1	0.165
7.22	1187.467	7.62	1253.541	8.02	1319.616	2	0.330
7.23	1189.119	7.63	1255.193	8.03	1321.268	3	0.496
7.24	1190.771	7.64	1256.845	8.04	1322.919	4	0.661
7.25	1192.422	7.65	1258.497	8.05	1324.571	5	0.826
7.26	1194.047	7.66	1260.149	8.06	1326.223	6	0.991
7.27	1195.726	7.67	1261.801	8.07	1327.875	7	1.156
7.28	1197.378	7.68	1263.452	8.08	1329.527	8	1.321
7.29	1199.030	7.69	1265.104	8.09	1331.179	9	1.487
						(12.000~13.199m)	
12.00	1977.057	12.40	2043.131	12.80	2109.206	mm	kL
12.01	1978.709	12.41	2044.783	12.81	2110.858	1	0.165
12.02	1980.361	12.42	2046.435	12.82	2112.509	2	0.330
12.03	1982.012	12.43	2048.087	12.83	2114.161	3	0.496
12.04	1983.664	12.44	2049.739	12.84	2115.813	4	0.661
12.05	1985.316	12.45	2051.391	12.85	2117.465	5	0.826
12.06	1986.968	12.46	2053.042	12.86	2119.117	6	0.991
12.07	1988.620	12.47	2054.694	12.87	2120.769	7	1.156
12.08	1990.272	12.48	2056.346	12.88	2122.421	8	1.321
12.09	1991.924	12.49	2057.998	12.89	2124.073	9	1.487

表 5-9b　立式金属罐容积静压力修正表

罐号：教学 1[#]　　液体密度：　　　kg/m³　　参照高度：14.007m

高度/m	容积/kL	高度/m	容积/kL	高度/m	容积/kL	高度/m	容积/kL
0.00	0.000	4.00	0.162	8.00	0.649	12.00	1.461
0.10	0.000	4.10	0.171	8.10	0.666	12.10	1.486
0.20	0.000	4.20	0.179	8.20	0.682	12.20	1.510
0.30	0.001	4.30	0.188	8.30	0.699	12.30	1.535
0.40	0.002	4.40	0.196	8.40	0.716	12.40	1.560
0.50	0.003	4.50	0.205	8.50	0.733	12.50	1.585
0.60	0.004	4.60	0.215	8.60	0.750	12.60	1.611
0.70	0.005	4.70	0.224	8.70	0.768	12.70	1.637
0.80	0.006	4.80	0.234	8.80	0.786	12.80	1.662
0.90	0.008	4.90	0.244	8.90	0.804	12.90	1.689
1.00	0.010	5.00	0.254	9.00	0.822	13.00	1.715

因罐底起伏不平，有时将确定高度下的罐底量作为一个固定量处理，编制容积表时，将这个固定量和它所对应的高度作为主容积表的统编表起点值。计量时，液位应在此高度以上进行。

为了防止石油渗漏，有些油罐罐底存放一定高度的水，形成垫水层。

3. 立式金属罐容积表的使用

测定石油高度后，通过查容积表可得油罐内的储油量(测量温度下的体积，即视体积)。静压容积增大值与装油高度及油品密度有关。为了使用方便，常常将静压容积修正表按罐内 4℃纯水的密度 1g/cm³ 编制，所以在计算装液高度下的静压容积增大值时，应该用液位下的表载容积增大值乘以罐内介质的实际相对密度 d_4^t(数值与 ρ_t 相等)，即

$$V_{gp} = V_{sp} \cdot d_4^t \qquad (5-6)$$

式中　V_{gp}——石油实际容积增大值；

V_{sp}——表载(水)容积增大值。

例 5-3　测得教学 1[#]罐装油液位高 12.406m、水层高 0.25m、油温 31℃、油品密度 0.7443g/cm³，计算该罐内油品的体积。

解：由容积表(表 5-9a)查得 12.40m 高的容积：V_1 = 2043.131kL、0.25 高水的容积：V_S = 36.700kL；由小数表查得 6mm 高的容积：V_2 = 0.991kL。

实际油品高度为 12.156m，因此，由容积静压力修正表(表 5-9b)查 12.156m 高的水静压容积增大值：$V_{sp}=1.500$kL。

计算该罐油品的体积：

$$\begin{aligned} V &= V_1+V_2-V_S+V_{sp}\cdot d_4^t \\ &=2043.131+0.991-36.700+1.500\times 0.7443 \\ &=2008.539\text{m}^3 \end{aligned}$$

二、浮顶罐容积表

浮顶罐容积表的编制形式和方法同立式金属罐。只是在容积表检定证书说明一栏中，应注明浮顶质量(kg)、浮顶最低液面起浮高度(mm)和非计量区间。

使用浮顶罐容积表(如表 5-10)时，应注意油品交接计量时的液位一定要避开非计量区间。因为在这一区间内，浮顶在油罐中的状态似浮非浮，难以确定浮顶在油罐中排开液体的体积和质量。

计量时的液体高于浮顶最低起浮高度(非计量区间的上限)时，液体下的容积表体积减去浮顶排开罐中介质在实际温度下的体积，才是油罐实际液位下介质的表载体积。

表 5-10a　浮顶罐容积表(部分)

罐号:教学 2#,参照高度 19.201m,浮顶重 21400kg,1.600~1.800m 为非计量区。

高度/m	容积/L	高度/m	容积/L	高度/m	容积/L	高度/m	容积/L
0.000	3214	7.300	2906070	15.000	2962720	17.300	6876017
0.079	36570	7.400	2945780	15.100	6002428	17.385	6909770
0.100	44912	7.500	2985490	15.200	6042135	17.400	6915726
0.200	84638	7.600	3025200	15.300	6081843	17.500	6955435
0.300	124364	7.700	3064910	15.400	6121551	17.600	6995144
0.400	164106	7.800	3104619	15.500	6161258	17.700	7034853
0.500	203848	7.853	3125665	15.600	6200966	17.800	7074562
3.500	1396300	11.066	4401092	16.100	3999509	18.400	7312817
3.600	1436047	11.100	4414590	16.200	643921	18.500	7352526
3.700	1475793	11.200	4454289	16.300	6478927	18.600	7392235
3.800	1515540	11.300	4493988	16.400	6518636	18.700	7431944
3.900	1555286	11.400	4533687	16.500	6558345	18.800	7471653
4.000	1595033	11.500	4573386	16.600	6598054	18.900	7511362
4.100	1634799	11.600	4613085	16.700	6637763	18.995	7549086

表 5-10b　浮顶罐小数表(部分)

0.079~1.555m				6.248~7.853m			
cm	容积/L	mm	容积/L	cm	容积/L	mm	容积/L
1	3973	1	397	1	3971	1	397
2	7946	2	795	2	7942	2	794
3	11920	3	1192	3	11913	3	1191
4	15893	4	1589	4	15884	4	1588
5	19866	5	1987	5	19855	5	1985
6	23839	6	2384	6	23826	6	2383
7	27813	7	2781	7	27797	7	2780
8	31786	8	3197	8	31768	8	3177
9	35759	9	3576	9	35739	9	3574
3.160~4.764m				17.386~18.995m			
cm	容积/L	mm	容积/L	cm	容积/L	mm	容积/L
1	3975	1	397	1	3971	1	397
2	7949	2	795	2	7942	2	794
3	11924	3	1192	3	11913	3	1191
4	15899	4	1590	4	15884	4	1588
5	19873	5	1987	5	19855	5	1985
6	23848	6	2385	6	23825	6	2383
7	27823	7	2782	7	27796	7	2780
8	31797	8	3180	8	31767	8	3177
9	35772	9	3577	9	35738	9	3574

表 5-10c　浮顶罐静压力修正表(部分)

m	0.0	0.1	0.2	0.3	0.4	0.5	0.6	0.7	0.8	0.9
	ΔV/L									
1	21	23	25	27	29	31	34	39	46	53
3	131	138	147	159	171	182	194	206	218	229
7	768	791	814	838	861	884	907	930	954	980
17	6060	6143	6226	6309	3969	6487	6581	6674	6768	6861
18	6955	7048	7142	7236	7329	7423	7516	7610	7703	7797

注：①本容积表所示容积为 20℃时的容积，不在 20℃时可按：$V_1 = V_{20}[1+0.000036\times(t-20)]$计算。②液高在非计量区 1.600~1.800m 范围内的容量值不得做计量使用。③罐大修或严重变形应申请复检。④罐的安全高度由单位自行决定。

液位低于非计量区间下限时，容积表的使用同立罐。因为此时浮顶已落在罐底支架上，液面在浮顶以下。一般情况下，当浮顶完全起浮时，计算油量时可采取扣除浮顶质量的方法，而不扣除浮顶的排油体积。因为当油温变化时，油的密度 ρ_t 和 V_t 都有变化，所以浮顶的排油体积也有改变。但是浮顶的排油质量是不变的，始终等于浮顶的质量，完全符合我国石油贸易计量的要求(计量结果以质量单位结算)。

三、卧式罐容积表

卧式罐是一个两端封顶的水平旋转的圆筒，其容积由两端封顶和圆筒两部分组成。卧式罐容积表以 cm 为间隔，单位高度的容积不等，也没有线性关系。当计算卧式罐的 mm 高度容积时，按线性插值法近似计算。若卧式罐容积表说明上标注了液高修正值，在使用该容积表时，应将实际油量高度 H 加上液高修正值 ΔH 以后，再查容积表(表 5-11)。即：

$$H_1 = H + \Delta H \qquad (5-7)$$

式中 ΔH——液高修正值；

H——下尺点的液高；

H_1——修正后的液面高度。

表 5-11 卧式油罐容体积表

罐号：教学 3#，参照高度：19.201m，容积单位：L

cm	0	1	2	3	4	5	6	7	8	9
0		20	53	94	143	199	261	328	399	476
10	557	642	730	823	919	1018	1121	1227	1336	1448
20	1563	1680	1800	1923	2049	2176	2307	2440	2575	2712
30	2851	2993	3137	3282	3430	3580	3732	3886	4041	4198
250	48237	48377	48515	48651	48784	48915	49044	49170	49294	49415
260	49533	49649	49761	49871	49978	50082	50182	50279	50373	50463
270	50549	50631	50709	50782	50850	50914	50971	51022	51066	51102
280	51126									

四、球形罐容积表

球形罐是一种压力密闭油罐，常用于储存液化石油气及轻质液态化工产品。球形罐通常是在承压状态下使用，所以球形罐容积表的编制实际上包括空罐状态下的容积 V 和承压球形罐容积增大值 ΔV 两部分。承压球形罐总容积 $V_p = V + \Delta V$。

球形罐是按正球体的形状制造的。由于建造技术等原因，使球形罐建成后各方面的直径稍有差异，需测量平均横直径和竖直径。编容积表时，按球形罐的竖直径(内高)，以厘米间隔，从罐底零点开始计算，累计至安全高度下的一列对应的有效容积值。

球罐任意高度下的容积值为：

$$V_H = V_p \cdot K \qquad (5-8)$$

其中

$$K = (H_n / d_V)^2 \cdot (3 - 2H_n / d_V)$$

式中 V_p——球形罐总容积，m^3；

H_n——液面高度，m；

d_V——球罐竖向内直径，m。

测球形罐液位一般是观察液面计标尺。读数后，应注意容积表上是否注明液面计标尺零点至罐底零点高度有修正值和容积表的工作压力，核实后再计算液位下的容积值。

球形罐液位高度下的容积计算、查容积表方法同卧式罐。

五、铁路罐车容积表

铁路罐车容积表是铁路罐车作为计量器具进行容积计量和容重计量的技术依据，也是罐内安全装载监控的科学依据。

铁路罐车容积表是人为地根据铁路罐车罐体结构的特点及若干个必要的几何参数，按照一定的公式与规定的计算程序，预先计算出不同液面高度所对应的容积数值，将其按照一定规律编成的表格形式。1986 年后铁道部标准计量所为了方便广大用户，按罐车型号排列编表，采用英文字母作每种型号的字头，共有A、B、C、D、E、F、G、H、I、J、K、L、M、N、FA、FB、FC、FD、FE、FF等20个字头，每个字头1000个表，将8万个容积表减少至2万多个容积表，成为现行的所谓ABC表。

1. 确认正确容积表的方法

(1) 目测法

用双眼观测确认，主要内容为：①观察铁路罐车的结构特征，主要包括空气包、罐体焊接衬、底架、保温加热装置、罐体材质、罐体直径、罐体长度、罐体内镀层、转向架等结构特征；②按照结构特征确认罐体型号，共20种主要车型有罐体型号，少数铁路罐车无罐体型号，应使用特种罐总容积表；③观察该车罐体上容量计表处容积表号标记是否与已确认的罐体型号对应；④确认表号字头后是否有三位阿拉伯数字。

(2) 检索法

当目测法无法确认罐车表号时，可检索《铁路计量罐车容积表号与车号对应手册》。

(3) 查证法

查验铁路罐车容积检定证书予以确认的方法。查验检定证书应注意：①必须是由国家铁路罐车容积计量总站及沈阳、西安、吉林、包头、锦州、南京、齐鲁、茂名分站出具的检定书。②检定证书应加盖检定专用钢印，而不是盖红章。③人员签名必须用钢笔、毛笔，不应盖人员的图章或代号章。④检定证书不许涂改。⑤检定证书必须在有效期内。有效期的规定：油品罐车为5年；化工产品罐车为4年；强腐蚀产品罐车为2年。⑥检定证书最好是原件，复印件上印不出钢印痕迹。⑦检定证书尺寸格式应符合JJG 140—2018《铁路罐车容积检定规程》的要求。

因铁路罐车的检定证书一般由罐车的产权单位保存，有时不容易得到检定证书。若无证书或对证书有疑问时可运用其他方法查询确认。

（4）咨询法

向国家铁路罐车容积计量总站或沈阳、西安、吉林、包头、锦州、南京、齐鲁、茂名等分站咨询予以确认的方法。

在咨询中应注意：查明并说明罐车的车辆型号(车型)、罐体型号(型号)、车号、罐体上表号标记、厂段修时间、地点、单位；查明并说明罐体几何尺寸，结构特征；明确所查询的内容。

（5）仲裁法

容积表的确认发生争议时，可向有关部门申请仲裁检定。仲裁检定分法律仲裁、行政仲裁和技术仲裁。

2. 简明铁路罐车容积表的使用

简明铁路罐车容积表(如表5-12)由基础表和系数表组成。使用时，首先根据罐车上打印的表号确定使用哪个容积表。如打印表号为A723的罐车就应使用表号为A700—799的容积表，打印表号为B085的罐车就应使用表号为B000—099的容积表。

表5-12　简明铁路罐车容积表(部分)

表号：A700—799(教学4#)

高度/mm	容积/L	系数	高度/mm	容积/L	系数	高度/mm	容积/L	系数
2800	60698	29.9697	2325	53862	26.5404	50	236	0.1212
2790	60662	29.9495	2324	53841	26.5313	40	169	0.0909
2780	60614	29.9293	2323	53820	26.5222	30	110	0.0505
2770	60557	29.8889	2322	53799	26.5131	20	60	0.0303
2760	60491	29.8586	2321	53779	26.5040	10	21	0.0101

用简明铁路罐车容积表查石油容积的计算公式为：

$$V = V_j + Kb \qquad (5-9)$$

式中　V——液高下的查表容积，L；

V_j——基础容积，L；

K——系数；

b——罐车上打印的表号后2位数。

例 5-4 测得罐车表号为 A723 的油高 2780mm，求罐内油品体积。

解：查表 5-12 得 $V_j=60614\text{L}$，$K=29.9293$。

所以：$V=V_j+Kb=60614+29.9293\times23=61302\text{L}$。

六、汽车油罐车容积表

1. 容积表的编制

汽车油罐车一般由 1～3 个油仓组成，每个油仓均有计量基准点刻线，用于油品交接计量的汽车油罐车须有经检定部门检定合格的证书和罐车容积表。罐车容积表可按 JJG 133—2016《汽车油罐车容量检定规程》的容量法编制，也可以按几何油量法、衡量法编制。

2. 容积表的使用

汽车油罐车容积表(如表 5-13、表 5-14)的使用同卧式罐，汽车油罐车计量的停车场应坚实、平整、坡度不大于 0.5 度(5/1000)。

表 5-13 汽车油罐车容量表(测实表)

车号：粤 A11888(教学 5#)

高度/cm	容量/L	高度/cm	容量/L	高度/cm	容量/L	高度/cm	容量/L
1	18	88	4288	95	4597	102	4851
2	36	89	4336	96	4635	103	4882
3	54	0	4382	97	4673	104	4912
4	72	91	4427	98	4711	105	4912
5	90	92	4473	99	4787	106	4940
6	112	93	4517	100	4787	107	4964
7	142	94	4557	101	4821	108	5003

注：下尺点总高 1339mm，帽口高 233mm，钢板厚 4mm，内壁直径 1102mm。

表 5-14　汽车油罐车容量表(测空表)

车号：粤 K12388(教学 6#)

高度/cm	容量/L	高度/cm	容量/L	高度/cm	容量/L	高度/cm	容量/L
139	20	54	5038	47	5469	40	5854
138	41	53	5099	46	5529	39	5904
137	61	52	5161	45	5585	38	5947
136	81	51	5223	44	5640	37	5989
135	102	50	5284	43	5696	36	6031
134	122	49	5346	42	5750	35	6071
133	141	48	5407	41	5803	34	6111

注：下尺点总高 1400mm，帽口高 240mm，钢板厚 4mm，内壁直径 1156mm。

例 5-5　粤 A11888 车装汽油，测得液总高 1073mm、水高 50mm，求罐内油品的表载体积。

解：查表 5-13 得液位 1073mm 时的表载体积为：

$$V_{总}=4964+(5003-4964)\times3/10=4975.7L$$

罐底水高 50mm 时的表载体积为：$V_{水}=90L$

所以，罐内油品的表载体积积为：$V_{油}=4975.7-90=4886L$

例 5-6　粤 K12388 汽车装柴油，用量油尺测量计量口基准点下尺读数为 536mm，尺带浸油 183mm，求该车装油的表载体积。

解：空高为：$H_{空}=536-183=535mm$。查表 5-14，该罐空高 353mm 时，装油的实际表载体积为：$V_{油}=6071-(6071-6031)\times3/10=6059L$

七、油船舱容积表

1. 小型油轮、油驳舱容积表

小型油轮、油驳舱容表是在船舱计量口的指定检尺位置的垂直高度上，从舱底基准点起以 1cm 间隔累加至安全高度的一列高度与容积的对应值。计量时按照实际油高查舱容表，一般不作倾斜修正。

有时，为了排列和使用方便，在油轮、油驳舱容表(如

表 5-15)上只给出各段的起讫点、高差、部分容积、毫米容积和累计容积。使用时取与油高最近又低于油高的那个“讫点”的累计容积加上油高和这个讫点的高差与该段每毫米容积的乘积。

表 5-15　102 船舱容量表

(教学 7#)

起讫点/mm	高差/mm	部分容积/L	毫米容积/L	累计容积/L
舱号：左 1				
0 以下				374. 0
1~707	707	20532. 7	29. 042	20906. 7
708~1087	380	11120. 1	29. 264	32026. 8
1088~1187	100	2897. 3	28. 973	34924. 1
1188~2130	943	27595. 5	29. 264	62519. 6
2131~2500	370	10715. 3	28. 960	73234. 9
舱号：右 1				
0 以下				345. 5
1~708	708	20526. 6	28. 992	20872. 1
709~1088	380	1115. 9	29. 252	31988. 0
1089~1188	100	2878. 0	28. 780	34866. 0
1189~2156	968	28316. 4	29. 252	63182. 4
2157~2526	370	10710. 6	28. 948	73893. 0

例 5-7　102 号油驳左 1 舱，油高 2452mm，求表载体积。

解：查表 5-15，102 号左 1 舱容表，油高 2452mm 的讫点是 2130mm，累计容积是 62519. 6L，高差为 2452－2130＝322mm，每毫米容积为 28. 960L。所以，油高 2452mm 的表载体积为：

$$62519.6+28.960\times322=71845L$$

2. 大型油轮舱容表

大型油轮舱容大，若计量口不在液货舱中心，装油以后舱体会有不同程度的纵倾，就会造成计量误差。

大型油轮的液货舱一般是按空距和水平状态编制的，舱容表(如表 5-16)上注明了舱容总高(参照高度)，还列出了与空距相对的实际高度。为了修正装油后的船体和编容积表时的船体形状不一致造成的误差，液位下的表载容积需要用纵倾修正值修正。纵倾修正值表将倾斜状态下油量的高度修正到水平状态时的高度，如表 5-17。

表 5-16　大庆液化舱容量表(部分)

船名：大庆(教学 8#)　　　　舱号：第一油舱左，总高：8.21m

空高/m	容量/m³	实际高/m	容量/m³
1.3	223.06	0.0	0.82
1.1	232.32	0.1	1.58
1.0	236.84	0.2	3.40
0.8	245.88	0.3	6.27
0.6	254.92	0.4	10.20
0.3	269.48	0.5	15.18
0.2	273.00	0.6	21.21
0.1	277.40	0.7	28.30

表 5-17　液货舱纵倾修正值

前后吃水差/m		0.6	0.9	1.2	1.5	1.8
1~6 舱号修正值/dm	+0.05	+0.10	+0.15	+0.18	+0.23	+0.28

例 5-8　测得大庆油轮左一舱空距 0.27m、水高 0.12m、前吃水 0.6m、后吃水 1.2m，求舱内装油体积。

解：前后吃水差：1.2-0.6=0.6m

将测量空距进行水平空距修正，查表 5-16 附表液货舱纵倾修正值表：吃水差 0.6m 时，修正值为：+0.1dm(0.01m)。所以，水平空距为：0.27+0.01=0.28m

查舱容表，空距 0.28m 时，其舱容为：269.48 +(273.00-269.48)×0.2=270.184m³

水高经水平修正后得：0.12-0.01=0.11m

查舱容表得水的体积：1.58+(3.40-1.58)×0.1=1.762m³

该舱装油体积为：270.184-1.762=268.422m³

第四节 油罐计量的计算方法

国际石油贸易中广泛应用体积计量法，如原油采用 bbl(桶)为计量单位：1bbl(桶) = 42gal(加仑) = 158.98L(升)，而我国多采用质量法。石油交易时，通过石油计量可得到容器内石油的温度 t、视密度 ρ_t、视体积 V_t(由容积表查得)、含水量等原始数据，然后再经换算得到石油交接质量。非标准温度下数据换算修正依据 GB/T 1885—1998《石油计量表》。

一、理论质量与商业质量的关系

在贸易和生活中，人们习惯将质量称为重量。虽然它们是两个不同的概念，但在我国计量法规定使用的法定计量单位中，已经认可了人们将质量称为重量、将 kg 视作重量单位的习惯，因此在油品计量中我们也可将油量 m 称为油品重量。不过请注意，油量或油重实际指的是油品的质量。

根据量值传递的原理和目前科技发展的水平，确定物体质量的基本方法是使用砝码进行平衡比较(使用天平、弹性机构或者压力传感物质)。当使用砝码“称”油品重量时，因油品的体积比之质量相当的砝码的体积大得多，油品将受到额外的空气浮力，这使得与之比较的砝码只需要比油品小一些的质量就可以与该油品平衡了。因为在生活和贸易中对油品数量的衡量都是在空气中进行的，这就使得油品被“称”出来的质量永远都比真正、理论上的质量小。这个用砝码衡量的质量，被称为“空气中的质量”“空气中的重量”或者“商业质量”。

而理论上，根据密度的定义，只是将石油在某一温度下的体积与该温度下的密度相乘，即可得到石油的质量，用公式表示就是 $m=V\rho$，也正是我们在计量工作中实际使用的方法。因此，需将由容器计量的体积、密度计算得到的“真空中的石油质量”(理论质量)换算到实际贸易认可的“空气中的石油质量”。

在油量计算中，为了修正这种因空气浮力而对油品数量产生的影响，可以采用空气浮力修正值 1.1kg/m³ 和真空中质量换算到空气中重量换算系数 F 这两种修正方法。

1. *石油理论质量换算到空气中重量换算系数 F*

F 值的定义是将石油在真空中的质量(理论质量)换算到空气中重量(商业质量)的换算系数。换算公式为：

石油的商业质量(重量) $m=V_{20}\cdot\rho_{20}\cdot F$ (5-10)

下面用天平说明公式(5-10)的来源(如果弹簧秤或其他称量原理，结论是相同的)。

一等臂天平的一端放着被称量的质量为 m_1 的油,另一端放着平衡它的质量为 m 的砝码。设等臂天平的臂长均为 a,油的密度是 ρ_1,空气的密度是 e,根据力矩平衡原理,天平两端平衡条件为：

$$ag(m_1-m_1\cdot e/\rho_1)=ag(m-m\cdot e/\rho)$$

式中，g 为重力加速度。上式简化后为：

$$m=m_1(1-e/\rho_1)/(1-e/\rho) \qquad (5-11)$$

因为 $m_1=V\rho_1$，所以：

$$m=V\rho_1(1-e/\rho_1)/(1-e/\rho) \qquad (5-12)$$

令 $F=(1-e/\rho_1)/(1-e/\rho)$

可得：$m=V\rho_1F$，在标准温度下，则有 $m=V_{20}\rho_{20}F$，即为公式(5-10)。

由上面表示 F 的公式可以看出，F 值是油品密度 ρ_1 的函数，根据油品密度以及都是常数的砝码密度 ρ 及空气密度 e，就可以算出 F 值。这样确定的 F 值已列在 GB/T 1885—1983《石油计量换算表》表中。使用时，根据油品的标准密度 ρ_{20} 即可查得相应的 F 值。

2. 空气浮力修正值

将式(5-11)变换

$$\begin{aligned}m&=V\rho_1(1-e/\rho_1)/(1-e/\rho)\\&=V\rho_1(1-e/\rho_1)/(1-e/\rho)(1+e/\rho)/(1+e/\rho)\\&=V\rho_1(1-e/\rho_1+e/\rho+e^2/\rho_1\rho)/[1-(e/\rho)^2]\end{aligned}$$

砝码密度 ρ 为常数 8143kg/m³，20℃空气密度 e 也是常数，约为1.2kg/m^3，油品密度 ρ_{20} 多在 600～1000kg/m^3 范围内。可见 $e^2/\rho_1\rho$，$(e/\rho)^2$ 都是极小的数值，可以略去，因此

$$m = V\rho_1(1 - e/\rho_1 + e/\rho)$$
$$= V(\rho_1 - e + e \cdot \rho_1/\rho)$$
$$= V[\rho_1 - e(1 - \rho_1/\rho)]$$

令 $\beta = e(1-\rho_1/\rho)$，即可得

$$m = V(\rho_1 - \beta) \tag{5-13}$$

在标准温度下即为

$$m = V_{20}(\rho_{10} - \beta) \tag{5-14}$$

β 称为空气浮力修正值，实质是对密度的修正，按 20℃ 数据计算时的 $\beta = 1.1$kg/m^3。在油品的密度范围内，β 取为常数 1.1kg/m^3 引起的误差只是十万分之几，完全能满足计量要求。国家标准 GB/T 1885—1998《石油计量表》中规定了这样的修正方法。

二、油品交接计量的计算方法

综上所述，油品的油量计算可按以下两种公式计算：

$$m = V_{20}(\rho_{20} - 1.1) \tag{5-14}$$

$$m = V_{20} \cdot \rho_{20} \cdot F \tag{5-10}$$

对于含有水分的石油，应扣除含水部分：

$$m_C = m(1 - W) \tag{5-15}$$

式中 W——原油或其他含水油品的含水率，%；

m_C——纯油的质量。

根据油量计算式可知，若求油品在空气中的重量，首先应求石油标准密度和油罐内石油的标准体积。

1. 标准密度的换算方法

在油罐内取得代表性试样后进行密度测定，得到的是测定温度下的密度计读数，即试验温度（视温度）和视密度，可利用 GB/T 1885—1998 中表 59《标准密度表》，根据油品试样的试验温度和视密度查得标准密度；也可利用第二章式(2-3)进行换算。

2. 标准体积的换算方法

可按公式(5-15)，将视体积 V_t 换算成 20℃的标准体积 V_{20}。计算油品数量时，需将计量温度(油罐内油品的温度)下的油品体积换算为 20℃的标准体积，才能与标准密度相乘求出油品质量。换算的方法是使用体积修正系数 *VCF*。根据体积修正系数的定义，可以得到用 *VCF* 值法标准体积的公式：

$$V_{20} = V_t \cdot VCF \tag{5-16}$$

式中　*VCF*——体积修正系数(石油在标准温度下的体积与其在非标准温度下的体积之比)。

依据油品的测量温度 t 和标准密度 ρ_{20}，通过 GB/T 1885—1998 中表 60《体积修正系数表》可以查得 *VCF* 值。

也可根据以下简单明了的公式计算：

$$V_{20} = V_t \rho_t / \rho_{20} \tag{5-17}$$

三、立式金属罐交接油量计算

1. 计算步骤

① 根据液位高度查容积表，得液位下的表载体积 V。

② 根据罐底明水高度查容积表，得罐底明水体积 V_S。

③ 计算石油的静压容积增大值 V_{gp}。

④ 将查容积表得到的石油体积修正到罐壁平均温度下实际体积 V_t(L)。

⑤ 计算标准体积 V_{20}(准确至升)，*VCF* 值取小数点后第五位。

⑥ 计算油品在空气中的重量(准确至 kg)。

2. 油量计算式

(1) 保温油罐

$$m = \{(V - V_S + V_{sp} \cdot d_4^{20}) \cdot [1 + a(t - 20)] \cdot VFC \cdot \rho_{20} \cdot F - G\}(1 - W_S) \tag{5-18}$$

其中，$\rho_{20} \cdot F$ 因数也可以用(ρ_{20}-1.1)代替。

式中 V——罐内液位高度下的总表载体积，m^3；

V_S——罐底明水高度下的总表载体积，m^3；

a——油罐材质体积膨胀系数(碳钢材质一般取 $a=3.6\times10^{-5}$)，1/℃；

t——罐壁温度,℃(用罐内油温代替)；

G——油罐浮顶重量(质量)，kg；

W_S——罐内油品的含水率,%。

式(5-18)是立式金属罐(包括浮顶罐和拱顶罐)内油量计算的综合计算式。按式(5-18)计算浮顶罐内油品重量时，严禁浮顶在非计量区(不可计量段)计量，即浮顶必须完全浮起来以后才能计量，或者完全由支柱支撑(即液位完全与浮顶不接触)时再进行计量。在交接石油交接前、后，浮顶起浮与否最好保持一致，这样可以避免浮顶本身的状态变化给油品计量结果带来误差。对于拱顶罐 $G=0$。

(2) 非保温罐

轻油罐一般不加保温层，油罐周围设防火墙。保温罐和非保温罐油量计量计算的差别就是罐壁温度变化对罐壳胀缩的影响，从而使油品体积随罐体变化。保温罐的壁温可用罐内油温代替。对于非保温罐，罐的内壁受油温 t_1 影响，外壁受外界环境温度 t_2 的影响，所以非保温油罐的罐壁温度 t 应是罐内、外壁温度的平均值，即 $t=\frac{1}{2}(t_1+t_2)$。

由于环境温度比较复杂，非保温罐的罐壁温度难以准确测定。一般情况下，在油温与20℃标准温度相差不超过±10℃时，不做钢罐温度体积修正，即：

$$m = \{(V + V_{SP} \cdot d_4^{20} - V_S) \cdot VFC \cdot \rho_{20} \cdot F - G\}(1 - W_S) \quad (5-19)$$

例5-9 某原油罐(教学2#，容积表见表5-10)，付油前测得液位高18.500m、罐底明水高度100mm、油温38℃、$\rho_{20}=852.0kg/m^3$、原油含水0.01%。付油后测得液位高3.600m、罐底明水高度 110mm、油温 36℃、ρ_{20} = 852.0kg/m^3、原油含水 0.01%。求付油量。

解：①付油前油量：

查表 5-10a 得，液位高 18.500m 的容积 $V_1 = 7352526L$，

水高度 100mm 的容积 $V_S = 44912L$，

实际油品高度为 18.400m，因此，由容积静压力修正表（表 5-10c）查 18.400m 高的水静压容积增大值：$V_{sp} = 7329L$。

所以罐内原油的表载体积：

$$V = V_1 - V_S + V_{sp} \cdot d_4^{20}$$
$$= 7352526 - 44912 + 7329 \times 0.8520 = 7313.858(m^3)$$

考虑罐体体积受热影响，将查容积表得到的石油体积修正到罐壁平均温度下实际体积：

$$V_{38} = 7313.858[1 + 0.000036(38 - 20)] = 7318.600(m^3)$$

查表 2-3，在 $d_4^{20} = 0.8520$ 附近，$\gamma = 0.000699$

所以，$d_4^{38} = d_4^{20} - \gamma(t - 20)$

$$= 0.8520 - 0.000699 \times (38 - 20) = 0.8394$$

换算为标准体积 $V_{20} = V_{38}\rho_{38}/\rho_{20} = 7318.600 \times 0.8394/0.8520$

$$= 7210.365(m^3)$$

计算商业质量：$m_1 = [V_{20}(\rho_{20} - 1.1) - G](1 - W_S)$

$$= [7210.365(852 - 1.1) - 21400](1 - 0.0001)$$
$$= 6113.288 \times 10^3(kg)$$

② 付油后油量：

查表 5-10a 得，液位高 3.600m 的容积 $V_1 = 1436047L$，

水高度 110mm 的容积 $V_S = 48885L$，

实际油品高度为 3.490m，因此，由容积静压力修正表（表 5-10c）查 3.490m 高的水静压容积增大值：$V_{sp} = 181L$。

所以罐内原油的表载体积：

$$V = V_1 - V_S + V_{sp} \cdot d_4^{20}$$
$$= 1436047 - 48885 + 181 \times 0.8520 = 1387.316(m^3)$$

考虑罐体体积受热影响，将查容积表得到的石油体积修正到罐壁平均温度下实际体积：

$V_{36}=1387.316[1+0.000036(36-20)]=1388.115(m^3)$

查表 2-3，在 $d_4^{20}=0.8520$ 附近，$\gamma=0.000699$

所以，$d_4^{36}=d_4^{20}-\gamma(t-20)$

$=0.8520-0.000699\times(36-20)=0.8408$

换算为标准体积 $V_{20}=V_{36}\rho_{36}/\rho_{20}=1388.115\times0.8408/0.8520$

$=1369.894(m^3)$

计算商业质量：

$m_2=[V_{20}(\rho_{20}-1.1)-G](1-W_S)$

$=[1369.894(852-1.1)-21400](1-0.0001)$

$=1144.128\times10^3(kg)$

③ 付油量：

付油后，因静压降低罐底水层有所上升，但可认为罐底明水量不变。

因此，付油量为：$m=m_1-m_2=6113.288\times10^3-1144.128\times10^3$

$=4969.160\times10^3(kg)$

四、其他类型油罐的油量计算

球形罐、卧式罐、油舱、铁路罐车的油量计算同立式罐一样，都是将液位下油高的表载体积换算成标准体积，再根据式 $m=V_{20}\cdot(\rho_{20}-1.1)$ 计算油品在空气中的重量。各类型油量计算的差别就在于油品表载体积的求法。

第五节　石油自动化计量简介

除采用人工测量外，油品高度、体积、质量可采用液位计、流量计、衡器等仪器设备自动计量。自动测量，不仅可以改善工人劳动条件，还有利于实现集中管理，提高劳动生产率和实现生产自动化。

一、容器计量的自动化仪表

液位仪配套设备安置在储罐内部，构建油罐储量在线动态实时计量系统，实现油品数量自动计量、管理和监控。目前的液位仪水平稳定性较强，只需校准储罐容积表将准确的油罐容积表数据导入液位仪，定期匹配检查液位仪与人工测量高度一致即可。人工计量通常是用于检查液位仪是否存在故障，检测液位仪系统高度是否与实际人工测量的高度一致。

国内外常见的容器计量自动化仪表的组成及测量原理列于表5-18。除检测液位外，有些仪表可同时测定石油的温度、压力、密度等。

表 5-18 常见容器计量自动化仪表的组成及测量原理

液位计	组成	测量原理
1151 电容式油罐计量系统	引压系统、传感器、信号转换接口电路和控制计算机	测量室内的测量膜片两侧分别通过引压管与油罐的顶部和底部相连，液柱产生的压差使测量膜片发生位移，膜片两侧的固定极板检测因膜片位移两边差动电容的变化值，再由计算机换算为液柱高
浮子式钢带液位计	浮子检测、钢带传送、指示等部分	液位变化带动浮子移动，相连的钢带和滑轮或齿轮凸轮组以机械的方式驱动计数器计数，同时将信号远传
油罐雷达液位计	罐顶天线单元、地面控制单元两部分	通过检测从发射到由液面反射回来的雷达信号所需时间来确定液体的液位
光导式液位计	浮子式钢带液位计，光的发射、传输、接收及变换等	钢带上冲有小孔，钢带移动时就有通光或不通光的状态，产生的光变化经过投光光纤传输到罐下部的光机变换器，在受光回路中产生了相应的脉冲信号，从而完成机械位移到光信号的转换
伺服式液位计	浮子由一根强度和柔软性很高的钢丝悬挂于测量鼓上	浮子收受的重力、浮力、钢丝拉力平衡。钢丝拉力大小可根据浮子处于部分浸没或全部浸没的测量要求而设定。液面下降时，浮力减小，马达随之启动放长钢丝使钢丝拉力维持设定值。通过改变设定钢丝拉力大小，可测定不同高度的液体密度或油水界面

二、流量计

由于用流量计进行油品计量较为方便，特别是零星发放油品时，可以直接装车、装桶，既省时又便于实现自动化，因此，流量计的应用日益广泛。用于油品计量的流量计大致可分为速度式和容积式两大类。速度式流量计(多采用涡轮流量计)，大部分用于计量黏度、密度较小的油品；容积式(多采用椭圆齿轮流量计、罗茨流量计)一般用于计量黏度较大的油品。

三、衡器计量

衡器是利用被称物的重力来确定该物体的质量或作为质量函数的其他量值、数量、参数及特性计量仪器。

(一) 衡器的分类

衡器的分类都是依据衡器的某一特征而进行的。依据的特征不同，分类的方法也不同。按照结构原理可分为三类：①机械秤，包括杠杆秤、弹簧秤等；②电子秤，包括电子计价秤、电子吊秤、电子汽车衡、电子皮带秤等；③机电秤，包括机电两用秤、光栅秤等。按用途分类，可分为商用秤、工业秤。按操作方式分类，可分为自动秤和非自动秤。

(二) 称量原理

在衡器上被称物体的重力与已知质量的标准砝码的重力进行比较的过程称为称重。称重的原理一般分为四种：杠杆原理、传感原理、弹性原理及液压原理。

1. 杠杆原理

杠杆是一种在外力作用下，绕固定轴转动的机械装置。平衡时，作用在杠杆上的所有外力力矩之和为零。秤就是根据该原理制成的计量器具。

2. 传感原理

以电阻应变式称重传感器为例，它由电阻应变计、弹性体和某些附件组成。当被称量物体或标准砝码在质量作用的传感器上时，弹性体产生形变，应变计的电阻就发生变化，并通过电桥产生一定的输出信号，从而可以进行比较和衡量。这种用称重传感器制成的质量比较仪，其计量不确定度已达$(2\sim5)\times10^{-7}$，而且操作方便，具有很多优于常规的功能。

3. 弹性原理

在重力作用下，有可能将弹簧拉长变形。按照弹簧变形的大小，就可以判定出作用力、重力的大小。各种扭力天平和弹簧秤都是按照这个原理制造的。

4. 液压原理

根据帕斯卡原理，加在容器液体上的压强，能够按照原来的大小由液体向各个方向传递。液压秤就是根据这一个原则制成的。

（三）衡器的计量性能和准确度等级划分

1. 衡器的计量性能

衡器必须具备以下四种计量的性能：

（1）稳定性。衡器的稳定性是指衡器的平衡状态被扰动后，能自动恢复或保持原来平衡位置的性能。衡器的稳定性可用稳定度来表示。稳定度是指在规定的工作条件内，衡器的平衡位置（示值）及某些性能随时间保持不变的能力。

（2）灵敏性。衡器的灵敏性是指衡器的示值对被测质量微小变化的特征，衡器的灵敏性可用灵敏度来表示，灵敏度表示衡器对被测质量变化的反应能力。对于给定的被测质量值的灵敏度K，可以表示为被观察变化量L的变化值ΔL与被测质量m相应变化Δm之比，即：$K=\Delta L/\Delta m$。

（3）正确性。衡器的正确性指衡器对力的传递与转换系统准确可靠的特征。

（4）重复性。衡器的重复性是指衡器在相同条件下，以一致的方式对同一被测质量进行连续多次称量时，其称量结果的一致性。

2. 非自动衡器准确度等级划分

秤的准确度等级划分原则主要基于两个参数，即分度数和分度值，分度值越小，分度数越多，则秤的准确度也越高。

非自动秤划分为三个等级，即高准确度等级、中准确度等级、普通准确度等级。高准确度等级秤用来称量贵重物品和作标准用；中准确度等级秤一般用于贸易结算；普通准确度等级适用于称量低值物品。

划分秤准确度级别的基础之一是分度值 d，因此允许误差以分度值 d 的倍数给出。

第六节　石油计量管理

石油计量的正确与否，决定于石油的计量方法、使用的工具、职工技术素质以及整个计量管理的水平。加强石油计量管理，最重要的是做好以下几方面工作：

(1) 培养一大批素质好、技术高、责任心强的油品计量人员和管理人员。

(2) 有一套科学的、完整的油品计量管理制度，计量操作规程和油品计量工作标准等。

(3) 配齐油品计量所必需的一切仪器设备，计量器具精度、质量符合要求，并经检定合格。

(4) 随着油品计量技术的发展，要尽量采用油品计量新技术、新设备、新工艺，使油品计量走向自动计量、定量控制、自动巡检、自动打印记录报表等。运用计算机网络实现计量科学管理，以保证计量准确，减轻计量人员工作强度。

(5) 实行油品计量目标管理，把提高油品计量管理水平和降低油品损耗工作结合起来。认真执行油品损耗定额管理，努力消除人为计量差错。

一、石油计量管理制度

(1) 石油储运系统都必须配备持有合格证的计量人员。大、中型油库要配备专职计量人员，设置计量机构。

(2) 计量人员的基本任务是：①收油时检查车体状况，核对车型、车号、油品规格，计量数量；②对储油罐进行计量，动转罐作业前后及时计量，非动转罐每三天计量一次，每次计量都要做出完整记录，及时准确地提供油罐存油变化动态；③油罐输油作业时，要对进油情况进行监视，防止溢油。

(3) 计量人员要接受石油一级站和省、市、自治区公司计量检定部门的技术指导和监督检查。要认真贯彻执行国家颁发的计量管理条例和石油产品计量管理规定，严格按石油产品计量操作规程正确操作。

(4) 新建造的油罐和新购置的量具、仪表，要经过检定，合格者才能使用。所有油罐都要编制准确的容量表。

(5) 油罐检定周期规定：新罐三年进行复检，以后每五年进行复检。因某种原因造成明显变形的油罐，必须重新经过检定方准使用。

(6) 石油计量器具检定周期规定：温度计、密度计一年，量油尺半年，流量计(表)半年，磅秤除平时经常做好校验外，半年检定一次。

二、石油计量通则

油品计量工作是提供油品数量变化的重要手段，是生产统计、经营管理的可靠依据。各炼油厂在加工规模、生产工艺、产品结构、经营方式等方面会有很大不同，但油品计量范围、内容上则大同小异，特别是计量方法、执行规程、所用计量器具都是统一的，要求是一致的。油品计量工作的通则主要包括以下内容：

(1) 炼油厂油品计量工作包括原油进厂计量、装置与罐区中间计量、罐区内部输转计量、所有产品出厂计量四个方面。进厂和出厂计量是油品计量工作重点，这两个方面计量准确与否对企业经济效益影响最大。

(2) 油罐在收油、输转、调合、装车(船)、脱水等作业前后都应进行油罐计量。油罐车与油船在接卸前、灌装后也要进行油品计量。

(3) 油罐在收付油期间，应每距 2h 或 4h 检尺一次(视油罐大小、收付油快慢而定)，静止储存罐每 8h 计量一次，月终盘点于月末最后一天 6 点或 8 点对所有油罐逐罐检尺一次，做全面生产与库存统计。

(4) 油罐收付油量在收付作业停止、液面稳定一定时间后，再进行检尺、测温和测密度(油品的标准密度可由化验室提供)。计算收付油量时，应把管线存油量一并考虑进去。

(5) 油品移动(包括装置和罐区、罐区之间、罐区对装油台或油品外供等)在完成收付作业后，双方应立即对量，在扣除输转、调合、泵装、泵卸等损耗定额后，如发生较大差量时，双方应分别查找原因进行误差分析。当班不能结账、要移交下一班。对量结果，填入记录或台账以备核查。

(6) 厂内各装置与油品车间之间油品交接，一般都以罐区油品计量为准。出厂油品则以罐区成品罐或远销出厂计量器具为准。为了收、付油和出厂计量准确，不能有活罐作业。

(7) 计算油罐、油罐车或油船油量时必须扣除罐内底水或油中含水，以纯油量作为交接计量和结算依据。

(8) 检尺计量时，检尺读数与记录均应到毫米，质量计算到千克。不准随意四舍五入，人为造成重大差量。

(9) 检尺计员记录、报表、台账应及时填写，并认真执行“三复查”，即岗位自己检查，本班为上一班复查，工段或车间统计员最后复查。发现差错应及时查清原因并予纠正，确保数据准确，统计无误。

(10) 一切盛油油罐，包括油罐、油罐车或油船都必须编有符合计量要求的容积表，遇油罐检修、动改而容积发生变化时，需重新标定另编容积表。正常情况每 2~3 年标定一次。

(11) 油品计量所需器具必须是合格产品，且需定期检定。计量器具配备率、周期检测率与检测合格率都能达到考核标准，油品准确计量就有了保证。

(12) 计量精度

按国家和行业标准规程进行油品静态交接计量时，其准确度为：立式金属罐，对原油、轻质油为±0.35%，对重质油品为±0.5%；铁路罐车，对轻质油和重质油为0.7%；汽车罐，对所装成品油为±0.35%；卧式罐，装成品油为±0.7%；油轮、油驳待定。

三、油品计量操作规程

(1) 计量前，认真检查计量器具是否齐备、有效、清洁及无损坏。

(2) 计量过程中，严禁穿着化纤服装和铁钉鞋。

(3) 准备量油时，应站在上风处，轻启量油口盖，待正负压平衡后方可量油。

(4) 量油尺的一端要和油罐跨接，防止产生静电火花。

(5) 量油必须按规定顺序进行操作，投尺、收尺应小心谨慎。

(6) 若库内油罐的垫水高度超过规定时，必须按有关要求放水后再量油。

(7) 油的高度测量不得少于2次，应取其平均值作为计量依据。

(8) 测量完毕，应小心盖好量油口盖，并做好计量工具的清洁工作。

(9) 根据油的有效高度从容积表中查出罐内油的体积值。若求质量值，应用密度计按规程加测油的密度值。

(10) 按有关规定，认真填写计量记录、台账、报表。

(11) 油品进罐时，应每两小时测量一次油高，严格掌握油罐允许的安全高度值，不得超量储油。

(12) 油品装船、卸船前后及正常装车过程中，计量人员均应按操作规程的要求进行计量。

(13) 违反本制度的有关规定和玩忽职守造成事故者，视情节轻重，按公司奖惩制度的有关规定进行处理。

四、检尺计量安全注意事项

油品计量人员整天在易燃、易爆场所工作，由于工作粗心大意或违章违纪，有时也会引起人身摔伤或着火爆炸事故。因此，在检尺计量中，必须严守操作规程，格外注意安全，以求避免任何事故发生。为此，主要注意事项有：

1. 自身安全防护

(1) 认真遵守进入危险工作区的各项安全规则。

(2) 进入工作区要求穿防静电工作服，不能穿能引起火花的鞋，在干燥地带不推荐穿胶鞋。

(3) 计量员所用的工具仪器应装在包内，以便空手攀扶梯子。

2. 设备安全防护

(1) 在工作区域所使用的照明灯和手电应是防爆的。

(2) 通路梯、油罐车、平台和栏杆在结构上要处于安全状态，应有良好的照明。

(3) 在工作区域所使用的计量器具应符合防爆要求。

3. 操作的安全防护

(1) 掀、盖量油孔盖或罐车人孔盖要轻，避免碰击产生火花。不准在量油口或罐车口开闭手电，更不准使用打火机照明、读取检测数据。

(2) 提拉量油尺、取样器不可过快、过猛，应始终保持尺绳与检尺口的金属相接触，取样瓶外不准挂有金属网或带有金属标牌。

(3) 为了使人体的静电接地，在进行检尺前人体应接触金属结构上的某个部件。

(4) 在室外作业时，操作者一定要在上风口位置，以减少油蒸气的吸入；在室内作业时，要求作业场所保持良好的通风状态，使油气尽量散开；检尺后，应及时关闭量油口盖，防止油气挥发，造成损失和污染环境。在有飞溅危险的地方，可戴上不溶于烃类的防护手套、眼罩或面罩。

(5) 当对盛装可燃性液态烃的容器进行检尺时，如果液态烃的储存温度高于其闪点温度，为避免发生静电的危险，应再次检查容器的静电接地状况。检尺时需在正确安装的计量管进行测量。

(6) 对重质油料检尺测温时，要掌握油温和罐内含水情况，以及油面有无泡沫，严防检测时油罐突沸伤人。

(7) 计量员在锥形或拱形罐顶走动时，应小心随时会遇到的特别危险，如霜、雪、滴落的油、大风、腐蚀了的钢板等。在雷电、冰雹、暴风雨期间，不应进行室外检尺、采样、测温等项操作；冬天应及时清除罐顶积雪与冰霜，注意防滑，防止摔伤。

(8) 工作场所如有非挥发性油品散落在容器顶上，应立即擦拭干净。工作中，擦拭过计量器具的已浸了油的物质或废棉纱不应乱放，应集中放入容器中。

(9) 因特殊需要，计量员需到浮顶油罐罐顶进行计量时，应有另一名计量员在罐顶平台上监护。在下列情况下，计量员应佩戴安全带或呼吸器：①浮顶停止在支架上或局部浸没；②浮顶不圆或浮顶密封圈损坏；③油罐内油品含有挥发性硫醇；④油品蒸发达到危险浓度。

五、计量器具的检定

在石油贸易交接计量中已列入《强检目录》的计量器具有：

① 尺、套管尺、钢卷尺、带锤钢卷尺；②玻璃液体温度计；③秤：台秤、地秤等；④轨道衡；⑤计量罐、计量罐车，包括立式计量罐、卧式计量罐、球形计量罐、汽车计量罐车、铁路计量罐车、船舶计量舱；⑥燃油加油机；⑦密度计；⑧流量计：液体流量计、气体流量计等。

凡强检计量器具都必须严格按照相应检定规程进行周期检

定，以判定其是否合格。凡超过有效检定周期的不得继续作用；同样的计量器具由于使用频率高，虽在有效检定期内，但计量器具已失准，应及时送检并重新核定周期；因使用不当造成计量器具不合格的，应及时送检或报废。部分石油计量器具国家检定规程规定的周期见表5-19。

表5-19　部分石油计量器具检定周期表

器具名称	检定周期	规程编号
测深钢卷尺(量油尺)	半年	JJG 4—2015
工作用玻璃液体温度计	1年	JJG 130—2011
工作玻璃浮计(密度计)	2年	JJG 42—2011
立式金属罐	4年	JJG 168—2018
卧式金属罐	4年	JJG 266—2018
球形金属罐	5年	JJG 642—2007
汽车油罐车	初检1年，复检2年	JJG 133—2016
船舶液货计量舱	10年	JJG 702—2005
质量流量计	2年(贸易结算的为1年)	JJG 1038—2008
液体容积式流量计(流量计、椭圆齿轮流量计、刮板式流量计)	1年(贸易结算及优于0.5级的为半年)	JJG 667—2010
涡轮流量计	半年(0.5级及以上)；2年(低于0.5级)	JJG 1037—2008
旋进旋涡流量计	半年(0.5级及以上)；2年(低于0.5级)	JJG 1121—2015
电磁流量计	半年(0.5级及以上)；2年(低于0.5级)	JJG 1033—2007
燃油加油机	半年	JJG 443—2015
非自行指示(机械)轨道衡	半年	JJG 142—2002
自动(动态称量)轨道衡	1年	JJG 234—2012
非自行指示秤(固定式杠杆秤、移动式杠杆秤、机械吊秤)	1年	JJG 14—2016
套管尺	1年	JJG 473—2009

第六章 石油储运管理

第一节 石油的储运特性及对储运管理的要求

一、石油的储运特性

与水等纯物质相比，大部分为复杂有机混合物的石油及其产品有一些影响储运过程的特殊性质。

1. 燃烧特性

易燃：石油及其产品都具有容易燃烧的特性。燃烧的难易和石油产品的闪点、燃点和自燃点三个指标有密切关系。

易爆：石油及其产品受热后都会挥发产生可燃蒸气，这些气体和空气混合达到一定浓度，一遇明火都有发生火灾、爆炸的危险。

2. 挥发特性

液体受热后表面发生气化的现象叫蒸发。石油在任何温度下都有蒸发现象，尤其是轻质油品。油品的蒸发特性是通过饱和蒸气压指标来体现的。油品挥发出来的油气可以随风四处扩散，而跑出的液体可顺地势蔓延。特别是石油气体，除甲烷外，都比空气重，一旦发生泄漏，石油气体都沿地面或水面流放并积聚在低洼的管沟、下水道、地下室和室内地面，遇到明火极易引起火灾或爆炸，并向四处迅速蔓延。

油品的挥发性在油品储运过程中，会使油品数量减少，产品质量下降，污染周围环境，甚至使人中毒，更为严重的是增加了火灾爆炸的危险性。因此，减少油品蒸发损耗是石油储运工作者的一项重要任务。

3. 沸溢特性

含水的重质油油罐加热时，高温重质油品装车遇有罐底明水，或含水油品发生火灾时，油品都会发生沸腾，油面迅速上涨，从容器内急速向外喷溅，以致发生跑油、冒罐，甚至导致火灾。究其原因主要是水被加热而汽化，体积增大，水汽以高压带动油而迅速向上喷出；为避免油罐或装车突沸，一定要控制油温，加强脱水，一旦发现油面上升过快，及时关阀和降温。

4. 产生静电特性

石油及其产品本身是绝缘体，当它流经管路，进入容器或车罐运油过程中，都有产生静电的特性。这种特性是由于油品和管壁或容器壁摩擦、冲击以及油流喷射产生的，静电聚集到一定电位就会发生放电，产生火花，遇有油气极易引起着火爆炸。尤其是汽油，在静电电位高于 4V 时，火花能量为 0.25mJ 就足够引燃汽油蒸气，引起火灾或爆炸。

在油品储运过程中，静电产生还和空气温度、油品流速、油品在管道中的压力及油品电导率等因素有关。为了防止静电引起火灾，在油品储运过程中，设备都应装有导电接地设施；装车要控制流速并防止油品喷溅、冲击，尽量减少静电发生。

5. 毒害特性

石油及其产品、半成品大多具有一定毒性。石油及油品的毒性因其化学组成不同而不一样。

6. 热胀冷缩特性

石油受热后，温度上升，体积迅速膨胀，若遇到容器内油品充装过满或管道输油后内部未排空而又无泄压设施，很容易因体积膨胀使容器或管件爆破损坏。反之，油温降低，油品体积缩小，容器内出现负压，也会使容器凹陷、抽瘪变形。

7. 温度影响流动特性

石油的低温流动性受凝点、黏度性质的影响。随着温度的升高，黏度降低、阻力降低，有利于石油输送。

8. 溶解特性

水在石油中的溶解度很小，但影响很大，溶解水影响原油的储运和加工。微量的游离水存在于油品中使油品储存安定性变坏，引起设备腐蚀，对油品的低温性能(如喷气燃料的结晶点)产生负面影响。润滑油含水还会造成乳化，降低润滑效果。

石油的组分具有较强的互溶性，油品溶解胶质沥青质使油品颜色变深。发生混油时，影响油品性质、质量。

9. 化学变化及腐蚀特性

在一定条件下，油品中不稳定组分可发生化学反应而使油品变质。石油中含有硫、氧、氯等腐蚀因子时，可与金属反应而腐蚀设备。

10. 沉降分层特性

石油中各种烃类极性、密度有差别，储存过程可出现分层现象。水、泥沙、胶质沥青质可沉降成罐底油泥。

二、对储运管理的要求

由石油的储运特性可知，储运安全最为重要，安全是石油储运业永远的薄弱环节。因此，石油储运“安全第一，预防为主”是永恒的话题。要根据石油的储运特性，落实好石油储运管理工作。

石油储运管理可归结为安全管理、质量管理和数量管理三个方面。

安全管理是石油储运的生命，质量管理是石油储运的基本要求，数量管理是石油储运的基础，三方面相互关联相互影响。哪个管理环节出现问题都会影响其他环节，同时还会影响环境。而数量管理是石油储运日常管理中工作量最大、最常规的工作内容。

第二节　石油储运的安全管理

安全生产是企业最大的效益，如果发生安全事故，不仅造成石油物质的损失，还可能造成生产设施、设备的损坏、损失，甚至造成人员伤亡，并且严重影响生产的正常进行。同时，安全又是石油储运永远的薄弱环节。因此，“安全第一，预防为主”是石油储运永恒的话题。为了做好安全管理，首先必须掌握安全技术。

一、燃烧、爆炸的条件

燃烧是可燃物质(气体、液体或固体燃料)与氧或氧化剂相互作用而发生光和热的化学反应，其特点是放热、发光、生成新物质。

石油储运过程中的爆炸多指空气中油气浓度达到一定浓度引起的、迅速传播、产生巨大冲击波的急剧燃烧。与燃烧一样必须同时具备如表 6-1 的三要素。此外，需要防范的还有因储存介质压力超过容器设备承受极限所引起的物理爆炸。

表 6-1　燃烧三要素

燃烧条件	内　涵	石油储运中的燃烧条件
可燃物质	凡能与空气、氧气或其他氧化剂发生剧烈氧化反应的物质	石油液体、气体
助燃物质	氧气或氧化剂	空气
点火能源	①明火；②电源；③过热；④热表面；⑤自燃；⑥火花；⑦静电；⑧摩擦；⑨雷电	①静电；②雷电；③自燃；④电源；⑤火花；⑥明火

只有三个要素同时具备并彼此相互作用，且各要素均达到一定的限值，燃烧才会发生和持续进行。因此，一切防火防爆的消防措施都是根据物质的性质和生产条件，阻止燃烧的三个条件同时存在、相互结合和相互作用。

二、石油储运的防火防爆

1. 石油储运常见火灾分析

石油储运过程中常见火灾场所及其起因列于表6-2，起火源分析列于表6-3，并分别根据火灾起因提出了相应对策。

表6-2 主要火灾事故场所、起因及对策

火灾事故场所	原因	对策
储油区油罐	违章操作,静电起火,雷击起火,管线阀件泄漏等	完善设施,规范操作
槽车卸油台	违章操作,火星引燃引爆,照明故障等	完善设施,规范操作
装油栈桥、码头	静电起火(流速过快、检尺取样摩擦等)	完善设施,规范操作
油泵房	机泵、阀门渗漏,机泵防爆失效,检修时处理不当等	定期检查、检修
管线、阀门	腐蚀、损坏、渗漏,自燃、其他原因引燃	定期检查、检修
换热器	泄漏自燃	定期检查、检修

表6-3 火灾爆炸的起火源及对策

起源	原因	对策
明火引燃	动火制度不严,防火措施不力,违章吸烟等	加强管理
电气设备火花	老化、接触不良等	定期检查、检修
静电	流速过快,检尺取样摩擦,化纤衣服,接地不良等	规范操作,确保接地
雷击	防雷设计不周,接地不良,防雷设施失效等	完善防雷设施

2. 石油储运的防火防爆措施

由以上分析可知，火灾爆炸的预防要领为：防止石油的“跑、冒、滴、漏”，控制空气中可燃气体浓度，消除或减少可燃物；可燃物不可能根本消除，因此更有效而根本的是采取相应对策，断绝火灾爆炸的起火源。石油储运的防火防爆措施有关内容列于表6-4。

表6-4 石油储运的防火防爆措施

项 目	措 施
基本思想	安全生产，预防为主；提高职工安全意识和安全技能
基本原则	预防发生，限制扩大，灭火熄爆
基本内容	对易燃易爆物质的安全处理及对起火源的安全控制
最重要原则	必须阻止可燃气体或蒸汽从设备、容器等中漏出，限制火灾爆炸危险物、助燃物、火源三者之间的相互直接作用

具体措施包括以下3个方面：

(1) 物料的安全处理

努力消除生产中的“跑、冒、滴、漏”现象，减少油品蒸发损失，防止可燃气体积聚，控制可燃气体浓度。

(2) 起火源的安全控制

起火源是引起着火爆炸的重要原因，因此，控制起火源至关重要。关于火灾爆炸的起火源及对策已归纳于表6-3，相应的控制措施分述以下，明火的控制措施见表6-5。

表6-5 明火的控制措施

明火名称	包括内容	控制措施
加热用火	加热易燃液体时，应尽量避免使用明火，而采用蒸汽或其载热体	如果必须采用明火，应隔离设备并远离储罐区，加热设备应布置在上风向或侧风向
维修用火	维修用火主要指割焊、喷灯及熬制用火等	按规章开办火票、安排看火人
其他火源	违章吸烟，烟囱飞火，汽车、拖拉机、柴油机的排气管喷火，都会引起可燃物的燃烧爆炸	严禁吸烟，安装消烟、防火罩

电气设备火花的主要控制措施是：采用合格的防爆型电气设备，并保持防爆设施处于完好状态。雷电的控制措施是：正确设计安装防雷设施，并保持防雷设施处于完好状态。石油储运中可能产生静电情况及防止静电事故的措施见表6-6。

表6-6 石油储运中的静电事故预防

场　所	静电形式	减少静电的措施
运动与静电	流动带电、喷射带电、冲击带电、沉降带电	
管道输送	管输油品产生静电荷密度与流速平方成正比	控制流速，接地导电
装卸石油	鹤管头不插入油面时，造成喷溅灌装，管口周围油面静电积聚。流速增大时，静电增加	插入管要深入容器底部，同时控制流速
油　罐	泵、管道输送过程中，沿途摩擦产生的静电随石油输入储油罐，造成电荷在油面积聚。油面中心电位最高，周边电位低； 油罐内水分沉降时产生静电，雷电感应也会产生静电	灌装油品后不允许立即检尺、取样。对于储罐则需要含水完全沉降后才能进行检尺工作。油罐静电可由导体泄入大地，要求泄漏速度大于产生速度
油轮静电	油轮摇晃起电：油品、压舱水与舱壁摩擦；装船时静电：用绝缘胶管向舱内灌油；洗舱起静电：高压水枪冲洗舱壁	做好接地，减少静电积累

此外，还可采取：①消静电器(静电中和器)；②静电缓和器；③加抗静电剂，使油品电导率增加，静电无法积聚；④惰性气保护等防静电的一些装置和措施。并应防止人体产生静电：①从事化工生产的人员应避免穿化纤衣服，而应穿棉织品的衣服和穿防静电的鞋；也勿用化纤和绸类纱布擦拭机器、设备。②确保安全操作，在工作中尽量不做与人体带电有关的事，在

静电危险的场所操作、巡视、检查工作时，不携带与工作无关的金属物品。

(3) 采用防火防爆安全装置

① 阻火设备包括安全液封、水封井、阻火器和单向阀等，其作用是防止外部火焰蹿入有燃烧爆炸危险的设备、管道、容器内或阻止火焰在设备和管道间蔓延和扩散。②防爆泄压设施包括安全阀、爆破片、防爆门和放空阀等。③为了防止设备因油品受热膨胀而受到损坏，装油容器不能充装过满，一般只准充装全体积的85%~95%；油罐和罐车呼吸阀、安全阀必须灵活好用；输油(气)管线上均应装泄压阀。

三、石油火灾的特征及石油储运的消防

1. 石油火灾的特征

石油火灾有4个发展阶段，如表6-7；火灾特征如表6-8。

表6-7 石油火灾的发展阶段

发展阶段	火灾特点	灭火难易程度
初　燃	温度低，燃烧面积小	容易扑灭
稳定燃烧	火势已大，放出大量热	反应及时，可扑灭
燃烧扩大和蔓延	大面积燃烧，强辐射，危及相邻油罐	难以扑灭。应喷水降温保护邻近油罐，并设法扑灭蔓延的火焰
火焰熄灭		

表6-8 石油火灾的特征

特　征	火灾程度描述	原　因
强烈的突发性	燃烧速度快，蔓延迅速，火灾报警后5min到达，否则难以扑灭	燃烧→温度上升→石油汽化→燃烧更猛→温度更高
容易爆炸燃烧	往往是燃烧与爆炸交替进行，灾情易扩大	燃烧→温度上升→石油汽化→扩散→爆炸、燃烧。灭火后，因温度高也可能自燃引起爆炸、燃烧

续表

特征	火灾程度描述	原因
油品燃烧猛	火焰温度高，辐射强度大	燃烧→温度上升→石油汽化→燃烧更猛→温度更高→持续燃烧
“突沸”燃烧	火焰高蹿、爆炸性燃烧，火灾随飞溅的石油扩散	油中水分因受热暴沸

由石油火灾的发展阶段及特征可见，石油火灾危害性很大，并且灭火难度大。例如原油闪点低火灾危险性大，自燃点也低，一旦发生火灾，灭火过程中也容易发生二次燃烧，难以扑灭。所以，一定要预防为主，万一发生火灾，也要争取在火灾初期将火灾扑灭。

2. *石油火灾的扑灭方法*

根据燃烧必须同时具备三要素的原理，灭火的基本方法是切断它们之间的接触和联系，破坏它们共存关系而迫使三者不能相互作用从而使燃烧停止。灭火的基本措施有：①抑制反应物接触；②减小反应物浓度；③降低反应物温度。灭火的基本方法是：①窒息法；②冷却法；③隔离法；④化学抑制法。

3. *石油储运的消防系统*

石油储运系统必须设有完备的消防设施和消防系统。首先必须有足够的消防水源和完备的消防水系统，按表 6-9 配备消防器材，各油罐设有高低液位报警器和固定式空气泡沫消防系统，规模较大的石油储运企业应建立有消防队。石油储运常用灭火器见表 6-10。

油罐常用泡沫为空气机械泡沫，其工作原理为：用空气泡沫液与水按一定比例混合，通过空气泡沫发生器吸入空气，喷出后形成空气泡沫；空气泡沫可浮于油品表面自由流动，隔绝空气使火焰窒息。空气泡沫灭火系统操作简单方便，易于维护保养，造价低，适用于扑灭油罐火灾，也适用于某些固体燃烧物及密闭空间的火灾。

表 6-9 石油储运消防器材配备

储运单体	易燃物质	灭火器类型	消防要求
油罐区	原油、各类油品	泡沫灭火系统	固定式，半固定式，移动式
卸油栈台	原油	CO_2，干粉，石棉布	$120m^2$ 设消火栓，$15m^2$ 置灭火器工具
油泵房	易燃油品	CO_2，泡沫	自动灭火系统
装油台	石油产品	CO_2，干粉，石棉布	消火栓，$15m^2$ 置灭火器工具
灌桶间	燃料	CO_2，泡沫，干粉	$50m^2$ 设灭火器 1 具
检修车间	易燃油、气	CO_2，干粉	$100m^2$ 设灭火器 1 具
电气设备	配电盘、变压器	CO_2，干粉	$50m^2$ 设灭火器 1 具
化验室、档案室	化验仪器、图书资料	CO_2	$50m^2$ 设灭火器 1 具
液化气罐区	石油液化气	CO_2，泡沫，干粉	每罐设 2 具灭火器，安冷却水设备
液化气瓶装站	石油液化气	CO_2，干粉	$100m^2$ 设灭火器 1 具

表 6-10 常用灭火器

类　型	药　剂	用　途
泡沫灭火器	碳酸氢钠、发泡剂和硫酸铝溶液	扑救固体物质或其他易燃液体火灾，不能扑救忌水和带电设备火灾
二氧化碳灭火器	压缩成液体的二氧化碳	扑救贵重仪器、电器、油类和酸类火灾，不能扑救钠、钾、镁等物质火灾
干粉灭火器	钾盐或钠盐干粉备有盛装压缩气体的小钢瓶	扑救石油、石油产品、油漆、有机溶剂、天然气火灾

4. 油库消防设施配置举例

某沿江油库的总设计库容为 36.3 万 m^3，主要储存成品油和化工产品。其消防设施情况如下。

(1) 消防供水系统

油库设有两座 $2500m^3$ 容积的消防水罐，油库设有消防泵站一座，消防泵安装 5 台(多级式)消防泵，另外设有 3 台消防水泵给码头供水，紧要时刻可以给油库库区补充消防水。油库消防最大供水量可达 $6220m^3$，大于规范规定的油库连续供水 6h 所需 $5800m^3$ 的最大供水量，其实际供水强度 $1152m^3/h$，大于有关规

范要求的 $1050m^3/h$，另外油库设有珠江水源取水口。

（2）储罐消防设施

储罐设有高低液位报警器、固定式空气泡沫发生器、罐壁有喷淋水幕保护。

（3）泡沫消防系统

油库采用固定式泡沫系统，共 3 座泡沫泵棚，1、2 号罐区共用一台泡沫罐，其余每个罐区配备泡沫罐一台，罐区防火堤外设有泡沫混合液管网、泡沫混合液 5min 内可到达设计最远保护点，罐区每罐隔 60m 设有泡沫混合液栓一个。

（4）消防设备类型

消防车 3 台、移动式灭火器共 154 台，泡沫罐 6 个，每个油罐配置空气泡沫发生器 2~6 个。

（5）消防器材类型

每个罐区、油泵房、中控室、变电所、化验楼、污水处理场设有消防箱，消防箱内有干粉灭火器、二氧化碳灭火器、水龙带、石棉毯等。另外还设有砂箱、消防铲。

四、石油储运的劳动保护

在储运过程中，操作人员应增强劳动保护意识，学习掌握劳动保护知识和技能。操作过程中应按要求穿戴好劳动保护服装及保护工具，并会正确使用劳动保护仪器设备。学会保护自己、救护他人、被人救护的技能。要正确理解表 6-11 列出的常用安全术语，并按操作规范作业。

表 6-11　常用安全术语

安全术语	含　义
三级全教育	厂（公司）级安全教育、车间级安全教育、班组级安全教育
三　违	违章指挥、违章作业、违反劳动纪律
三不动火	没有经批准的用火许可证（火票）不动火；防火安全措施不落实不动火；用火监护人（看火人）不在现场不动火
三不伤害	不伤害自己、不伤害他人、不被他人伤害

续表

安全术语	含　义
四不放过	事故原因分析不清不放过；事故责任者和群众没有受到教育不放过；没有落实防范措施不放过；责任者没有受到严肃处理不放过
四全原则	“全员、全过程、全方位、全天候” 安全管理
高处作业	凡在坠落高度基准面 2m 以上（含 2m）有可能坠落的高处作业

掌握石油储运职业毒物等知识（如表 6－12），学会自我保护。

为防止人身中毒，还应采取相应防毒措施：①严格管理，建立细致的防毒规章制度；加强操作人员的培训、考核，禁止无关人员进入有毒作业区。②注意设备的严密性，控制工艺生产中的“跑、冒、滴、漏”现象；严格控制毒物浓度，配备防毒用具。③加强保健工作；定期检查身体，配置中毒抢救设施。坚持以人为本原则。

表 6-12　对石油储运中毒物的认识

项　目	内　容
毒物状态	固体、液体或气体
毒物形态	气体、蒸气、雾、烟、粉尘等
中毒途径	呼吸道、皮肤和消化道
储运毒物	原油及轻质油品（溶剂油、汽油、煤油等）、气体烃、苯类产品、硫化氢、某些添加剂、沥青、氨、酸、碱、化工产品等

发现石油泄漏、火灾事故隐患时，应及时采取有效措施处理，并及时报告。出现小火灾时，应及时扑救，并报告。若火势已较大，应快速撤离到安全地带，报火警。

五、石油储运的安全管理制度

认真贯彻安全生产的基本方针：“安全第一，预防为主，全员动手，综合管理。”其实质是预防，“安全生产，重在预防。”事前把工作做得周全一些 ，事前有所准备，变被动为主动，变事后处理为事前预防，才能把事故消灭在萌芽状态。贯彻执行安全生产方针，体现在认真落实安全管理制度：

(1) 制定、执行和监督安全生产责任制

安全生产责任制是企业的最基本的管理制度，其主要内容有公司总经理、部门经理、班组长及操作员工的安全生产责任制，同时也包括各职能部门安全责任制。

建立三级的安全管理体系：公司设有安全部门或机构，部门设有安全干部，班组设有安全员，事事有人管，层层有人抓。

(2) 开展全员的安全生产教育

应对员工进行安全生产教育宣传，做到制度化、经常化，定期考核，牢固树立“安全第一”思想，操作员工专门有安全操作技术培训，合格者才能上岗操作。

(3) 安全生产检查

要定期组织安全检查，防止思想麻痹、事故隐患露头，推广安全生产经验，及时消除不安全因素，力求做到防患于未然。

(4) 制定有关安全规定，督促执行安全操作规程，如油库场区划分，进厂安全规定采样，操作规程，防雷防静电规定等。

(5) 负责贯彻执行安全用火规定，库区内动火是极其危险的，有时为补焊泄露动火时必须采取安全措施，动火前申请上报，在安全部门核实允许下方可进行。

(6) 制定企业安全技术措施

制定安全技术措施的计划，使安全管理工作重点转移到预防为主的轨道上来，实现安全标准系列化、安全管理科学化、教育培训正规化、生产设备安全化。

第三节　石油储运的质量管理

原油通过一系列的加工过程，生产出各种牌号的石油产品和石油化工产品，在送到使用单位前，有一个复杂的产品流通过程，包括油品加工、灌装出厂、产品运输、接卸入库、成品储存、售给用户。每个环节都要求保证产品质量，每一环节可能都对产品质量产生一定影响，任何环节工作疏忽，都可能造成油品污染，使其质量下降，甚至不能使用。因此，维护好产品质量，供给用户合格产品是我们从事石油储运工作者应有的职业道德和崇高义务。为此，我们应有较强的产品质量意识，熟悉产品质量标准、性能和使用要求，特别是要熟悉油品储运与产品质量的关系，做好产品的质量维护，为企业赢得良好信誉。

一、储运过程中影响油品质量的因素

石油在储运过程中，质和量都可能发生变化。表6-13、表6-14分别列出了储运过程影响汽油、柴油质量相关情况。此外，任何石油产品都不得混入水分和机械杂质，特别是变压器油等绝缘性用油。任何重质油品(润滑油、燃料油等)混入轻质油品都可能使闪点降低而不达标。由于我国汽油、柴油含有较高比例的催化裂化汽油、柴油组分，内含不稳定组分，尽管添加了抗氧剂等助剂，在储存过程中还是可能氧化变质。

表6-13 储运过程影响汽油质量的主要因素

因　素	对质量的影响
产品主要质量指标	按辛烷值分89、92、95、98等牌号，同类烃的辛烷值随沸点的升高而降低；挥发性能：饱和蒸气压、10%点；完全燃烧性：90%点、干点；纯洁性：胶质、颜色、水分
蒸发损失	轻组分减少→辛烷值降低、饱和蒸气压变小、10%点升高、启动性变差
混　油	低辛烷值的溶剂油或汽油：辛烷值降低，质量不合格，只能降级使用
	煤油、柴油、润滑油等：90%点、干点、胶质含量升高
	深色油：颜色变深
氧化变质	颜色变深、沉淀、胶质含量升高

表 6-14 储运过程影响柴油质量的主要因素

因素	对质量的影响
产品主要质量指标	按凝点分10、0、-10、-25、-45等牌号；完全燃烧性：95%点；纯洁性：胶质、颜色、水分；安全性：闪点
混油	闪点低的轻油：闪点降低
	高凝点柴油：凝点超标，只能降级使用
	润滑油等：95%点、胶质含量升高
	深色油：颜色变深
氧化变质	颜色变深、沉淀、胶质含量升高

物尽其用是节约能源，保证产品质量是关键。企业生产的产品必须合格，流通环节做好质量维护，用户正确使用产品，才能发挥产品应有作用。

可见，石油储运过程中油品质量管理意义重大，质量管理主要从防止氧化变质、防止混油、防止混水、减少蒸发损失等方面入手。

二、储运各环节的质量管理

明确保证质量的重要性，储运系统的总体规划、设计、布置等满足质量管理要求，为石油储运的质量管理打下良好基础。石油储运各环节的质量管理要求见表 6-15。

表 6-15 各储运环节的质量管理要求

储运环节	主要要求
人员素质	熟悉各种油品的质量标准、储运过程对质量的影响因素及相应对策；熟悉系统流程，具有熟练的操作技能
管理制度	建立一套完整的、严格的质量管理制度和质量监督检查体系；收发油台账、值班日记、交接班日记等记录清楚、齐全、准确
收油准备	做好收发装卸石油的计划及管线油罐等的准备工作；定期清洗油罐、管线
收货验收	检查铅封，取样分析，保证油品质量合格、货单对准

续表

储运环节	主要要求
卸 油	按要求、计划卸油;管道顺序输送时合理处理不同油品的切割和混油 按油品性质、质量要求,装入相应的合适形式油罐;如品质较高的轻质油品航空汽油需采用内浮顶油罐
储存管理	定期检查、采样分析、适时脱水,防止窜油混油;合理调度:执行"先进先发"原则,但安定性差的油品应优先发送,合理倒罐;采取措施减少蒸发损失
装 油	保证发送油品质量合格、货单对准、管线、油罐(车船油罐)符合要求

散装油品在收发、输传、罐装等作业时，应根据油品的不同性质，将各管线、油泵分组专用，并加强检查，对关键阀加锁，在可能泄漏的支管上加铁板隔断，以杜绝混油事故的发生。油品分组见表 6-16。对特种油品(如航空用油)和高档润滑油，每一种油品专管、专泵、专罐。

表 6-16 按组专管、专泵的油品分组表

组别	燃一组	燃二组	燃三组	燃四组	燃五组	滑一组	滑二组	滑三组
油品	车用汽油	石脑油 溶剂油	煤油 轻柴油	重柴油	重质燃料油	仪器油 变压器油 汽轮机油 电容器油	机械油 气缸油 压缩机油 低速柴油机油	汽油机油 柴油机油

如油品管道改输另一种油品时，需按表 6-17 要求清洗管道和泵。

油罐、油罐汽车、铁路罐车和油船等容器改装其他品种的油料时，应按表 6-18 要求进行清洗、干燥。如罐车与容器中原残存品种相同的油料，则可视具体情况，确认容器合乎要求方可灌装，以保证油品质量。尤其是装载高档润滑油时，容器内必须无杂质、水分、油垢和纤维，并无明显铁锈，在目视或用抹布擦拭检查后不见锈皮、锈渣及黑色油污时，方准装入，否则将会影响质量。

表 6-17　管道、泵改输其他油品时的清洗要求

原输送油品		燃一组	燃二组	燃三组	燃四组	燃五组	滑一组	滑二组	滑三组
拟改输送油品	燃一组	1	1	2	0	0	0	0	0
	燃二组	0	1	2	0	0	0	0	0
	燃三组	2	1	1	0	0	2	3	0
	燃四组	2	1	1	1	2	0	0	0
	燃五组	0	0	0	1	1	0	0	0
	滑一组	0	0	0	0	0	1	2	2
	滑二组	0	0	0	0	0	2	1	2
	滑三组	0	0	0	0	0	2	2	1

注:0—不宜使用;1—不需清洗,只要用改输油冲洗几分钟即可正式输油;2—压缩空气扫线后,再用改输油冲洗几分钟,另放出油头;3—需彻底清洗。清洗后,根据具体情况用压缩空气吹扫,或用改输油冲洗几分钟,另放出油头。

表 6-18　油罐换装油品时的清罐要求

原装油品		汽油	溶剂油	煤油	轻柴油	重柴油	重质燃料油	滑一组	滑二组	滑三组
拟改装油品	汽油	1	1	2	2	0	0	0	0	0
	溶剂油	2	1	2	3	0	0	0	0	0
	煤油	2	2	1	2	0	0	0	0	0
	轻柴油	2	2	1	1	0	0	0	0	0
	重柴油	0	0	0	0	1	2	0	0	0
	重质燃料油	0	0	0	0	1	1	0	0	0
	滑一组	0	0	0	0	0	0	2	2	2
	滑二组	0	0	0	0	0	0	1	1	2
	滑三组	0	0	0	0	0	0	1	1	1

注:0—不宜换装;1—不需清洗,但应尽量除净原装油品;2—清除原装油品,刷净,不得有残存水、油泥或其他杂质;3—彻底清洗,蒸汽吹扫,达到无明显锈迹、杂质、水分、油垢。

用于装运喷气燃料的罐车必须采用特殊工艺清洗：鼓吹空气

置换出可燃及有毒气体、清干残油及油泥等杂质、加洗衣粉刷洗、200℃左右水蒸气熏蒸30min、水洗、空气吹干、检验(要求检验白布擦点为淡黄色、无明显铁锈、无油迹)。但当罐车内壁因硫腐蚀含有一定量的元素硫时，尽管罐车经过了特殊工艺清洗并经检验合格，罐车仍可致使所装运的合格喷气燃料的银片腐蚀变成不合格。我国许多公司用铁路装运喷气燃料都发生过此类质量事故。茂名学院对其污染机理及解决方法展开了研究，取得了可喜的研究成果。建立了“汞滴快速检测法”预测罐车对喷气燃料银片腐蚀影响，并将其应用于生产，较好地解决了罐车致使喷气燃料银片腐蚀不合格的问题。

三、油品储运过程中的质量维护

为了维护好石油产品质量，各个储运环节都要把好“三关”：进货关，不让不合格油品进库；储存关，不让合格油品受污染、变质；出库(站)关，不让不合格油品发到用户手中。成品油进石油站执行“四不入库”规定，即：无发货方产品合格证不入库；不符合质量标准的产品不入库；货单品种规格与到货实际不符的不入库；罐车铅封受到破坏，质量情况不明的不入库。油品出库执行“四不发货”规定，即：油品变质不发货；没有合格证不发货；调配或再生油品没有品质证明不发货；装完油容器未铅封不发货。

大量实践证明，不论是生产企业还是油品经销部门，凡发生油品质量事故的，大多是违反制度，不遵守操作规程所致。因此，搞好油品质量维护，认真执行制度是关键。通过加强职业道德教育，提高职工责任心和整体技术素质，逐渐变制度管理为自主管理，产品质量维护也就有了可靠保证。

四、石油储运质量管理制度

为做好产品质量维护，石油储运部门制定了一系列完整的质量管理制度，主要包括：

(1) 质量管理部门要经常了解各作业环节油品质量的维护情

况和存在的问题，采取措施加以改进。

(2) 在装卸、输转、灌桶、倒装油品时，要按照油品性质分组，实行专泵、专管、专桶专用。设备达不到要求的，要加以清洗。

(3) 油品入库管理

① 油品接卸前必须进行全分析，合格后方可接卸。发现不符合规格标准者或与发货单不符的，应单独存放，与发货方取得联系，共同验明质量，损失由责任方负担。

② 冬季接卸加温油料时，卸收后应立即排净管线内积油。

③ 卸收散装油品灌桶时，要随即上紧桶盖，不得有水、杂、灰侵入。

(4) 库存油品管理

① 油罐执行定期清洗、周期清洗规定：原油罐、航空油料罐1年，蜡油、重柴油罐2年，轻油罐、润滑油罐3年，液化气和苯类产品罐5年。

② 罐装储存：同品名、不同规格和同品名、同规格的含添加剂和不含添加剂的油品，要分开储存。

③ 认真执行先进先出原则，含硫量高、添加剂含量大及性质极不稳定的油品，如金工油、刹车油、船用机油等，应尽量缩短储存期。

④ 长期库存油品化验周期：桶装油品六个月，罐装油品三个月。因储存条件变化，对油品质量有疑义时，要随时化验质检。

⑤ 阀门的起闭状态在现场应有明显标志，以防由于误操作造成混油事故。

⑥ 定期检测阀门的严密性，以防由于阀门渗漏导致罐间窜油。对于静态油罐，每班检尺不少于一次，以便及时发现有无窜油或漏油现象。

⑦ 油罐应适时脱水，收发油前必须做脱水检查，防止油罐底水进入进出油管道。油罐脱水时，操作人员不得擅自离开现

场，必须做好监护，防止油随水排出。

⑧ 按油品性质、质量要求选用油罐，采取措施减少蒸发损失。

(5) 油品出库管理

① 油品出库时，必须做到油品符合规格标准要求，并带有合格证(零星用户不附合格证)，调配油品要有技术证明书和使用说明书。

② 出库桶装油品要做到桶内洁净，标记清晰，垫圈有效、桶盖拧紧。露天存放者，装运前要抽检水杂。存放在站台、码头上的待运桶装油品，要用篷布遮盖。

③ 盛装油品的所有油罐、管线、容器都必须清洗合格，符合质量要求。

(6) 油库调配的油品要按照规定的规格标准逐批化验，合格者方可灌装。

(7) 收发油台账、值班日记、交接班日记等记录清楚、齐全、准确。

第四节 石油储运的数量管理

一、数量管理的意义

石油储运的安全管理、质量管理和数量管理中，数量管理是石油储运日常管理中工作量最大、最常规的工作内容。

数量管理对于石油储运意义重大，储运个环节石油的进出必须计量、记录、核算、统计盈亏，在储存过程中应加强检测计量、检测数量状态，预防跑油、窜油、混油、油品变质等事故的发生。整个国家石油的数量管理体现在拥有的石油资源量、采出量、消耗量、进出口量、储备量等具体数字上，反映了一个国家经济的发展情况、能源消耗情况以及国家的安全战略情况等等。

石油储运的数量管理主要目的是保证储运各环节、各部门的正常运转、降低损耗、安全生产、创造良好的经济效益和社会效益。

石油从油田开采出来经加工成各种产品，直到用户手中，始终存在着油品损耗问题。石油及产品的损耗多少，是衡量企业油品管理水平好坏的重要标志。石油损耗的累计数量是惊人的，据有关资料介绍，在美国，原油从油井采出经炼制加工到成品销售全过程中，石油损耗量约占原油产量的3%。在我国，开采过程中损耗量约占采油量的2%，原油加工损失率为1.2%~2.0%，而成品从装置加工到装车外运过程中损耗率约为0.5%，销售部门的经营损失率大约为2.0%~3.0%。总损耗率4%以上，这还不包括各种责任事故或自然灾害所造成的损失。

石油的损耗不仅在数量上造成宝贵能源的浪费，而且还会降低石油产品质量、造成环境污染、增加爆炸火灾危险性。当前，在我国能源供应一直十分紧张的情况下，加强石油及其产品管理，采取各种措施，节约能源，降低油品损耗就显得更加重要。做好这项工作是石油各个流通环节中，从事油品生产、运销和管理的石油储运工作者最重要的职责。

二、石油损耗原因及其分类

(一)石油储运损耗的分类

石油在开采、炼制、储运与经营过程中，损耗原因及类型如表6-19。

表6-19　石油损耗类型

损耗类别	事故损耗	自然损耗
损耗形式	火灾爆炸事故、跑、冒、窜等	蒸发损耗，设备、容器的黏附、浸润所造成的数量减少，清罐、排放油罐底水等作业中损失，顺序输送的混油，氧化变质
特　点	可以避免	不可避免，但通过措施可减少。可通过损耗定额予以确认和管理

续表

损耗类别	事故损耗	自然损耗
损耗原因	责任心不强、操作失误、技术不精、管理不善、设备故障	设备、工艺、技术水平所限
降低损耗措施	加强生产管理和安全管理，提高操作水平，杜绝事故发生	提高设备、工艺、技术水平，减少损耗

石油自然损耗可归纳为表 6-20 所列几种类型。

表 6-20　石油自然损耗的类型

损耗类型	损耗原因(定义)
蒸发损耗	储运过程中蒸发引起的损耗
脱水损耗	由于乳化或油水界面难于分清，脱水时污水常带走油品造成脱水损耗
洒漏损耗	① 油罐阀门不严，泄漏不断； ② 机泵、管线、人孔连接部位螺栓松动，丝口不严而发生滴漏； ③ 设备运转部位填料压得不紧，偏斜或磨损引起的泄漏； ④ 油罐、油桶或管线焊口开裂，腐蚀穿孔引起的泄漏； ⑤ 油品灌装完、取出鹤管(皮管或装油管嘴)，管内残存油品的滴洒
黏附、浸润损耗	装卸或储存后黏附于车、船与桶的内壁或浸润于容器、管道及工具上，未能进入接收方计量的损耗
清洗损耗	定期清罐或检修的罐、管、设备清洗，车船清洗等造成的损耗

以呼吸原因或作业性质的不同又可将蒸发损耗分为如表 6-21的几种类别。

表 6-21　蒸发损耗类别

损耗类型		定　义
根据呼吸原因	小呼吸	罐内静止储存的油品因温度、压力变化，呼吸阀呼出混合油气和吸入空气的过程所造成的油品损失。也称静止储存损耗
	大呼吸	油罐进行收付作业时，由于油面的升降变化引起气体空间、压力变化，呼吸阀随之呼出混合油气或吸入空气所造成的油品损失。也称收发作业的动液面损耗
	回逆呼出	发油作业结束一段时间之后，压力阀盘开启呼出混合气造成的油品损耗

续表

损耗类型		定　义
根据作业性质	储存损耗	指油罐静止储油期间发生的蒸发损耗,又称保管损耗。相当于小呼吸损耗
	输转损耗	指油品在油罐与油罐之间通过管道转移过程中发生的蒸发损耗。相当于大呼吸和回逆呼出损耗之和
	车船装卸损耗	油品油罐与罐车(油船)之间装卸油品时发生的蒸发损耗。相当于大呼吸和回逆呼出损耗之和
	运输损耗	油船、铁路油罐运送油品时由于设备不严密而造成的蒸发损耗

(二) 石油储运损耗的原因分析

1. 静止储存损耗

由于气体热容比较小，因而地上油罐气体空间的温度主要取决于周围的大气温度和太阳辐射强度，并且比大气温度的昼夜变化略有滞后。

从清晨到午后 14 时左右，温度呈上升阶段，罐内油品体积增大、液位上升，致使气体体积减小，加上蒸气压变大，罐内压力也随之升高。当罐内气体压力达到呼吸阀的控制压力时，呼吸阀的压力阀盘开启，呼出混合气。

从午后 14 点左右到翌日凌晨，随着大气温度降低和太阳辐射强度减弱，罐内温度逐渐下降，罐内油品体积减小、液位下降，致使气体体积增大，加上蒸气压变小，罐内压力也随之降低。当罐内气体压力降到呼吸阀的控制真空度时，呼吸阀的真空阀盘开启，吸入空气。

吸入的空气破坏了原已趋向均匀分布的浓度场，降低了油气分压，从而加快了气体的传质过程和油品的蒸发，并随第二天的呼气过程排入大气。随气温的变化，这种呼气和吸气现象周而复始地进行着。由于吸入的是空气而呼出的是混合油气，所以产生了油品损耗。

呼气过程多发生在日出后 1~2h 至正午前后。吸气过程多发生在每天日落前后的一段时间内，此后虽然温度继续下降，但由于吸气后加速油品蒸发，被稀释的油气浓度迅速回升，直至第二天呼气之前一般不会再吸气。

2. 收发作业的动液面损耗

这是一种由于气体空间容积变化而引起混合气呼出的蒸发损耗。油罐进油时，随着油面上升，气体空间体积变小，混合气受到压缩，压力不断升高。当罐内混合气压力升高到呼吸阀的控制压力时，压力阀盘开启，呼出混合气。油罐发油时，随着油面下降，气体空间压力降低，直至真空阀盘开启，吸入空气。这种损耗又称为油罐的大呼吸损耗。

发生在装车(船)、罐桶期间的损耗也是由于气体空间容积变化引起呼出的油品蒸发损耗。如采用容器敞口作业时，混合气呼出与作业同步发生。

3. 回逆呼出损耗

油罐发油期间吸入的空气，破坏了原来已趋均匀的油气浓度分布，降低了油气浓度，油气分压低于其饱和蒸气压，从而加速了油品的蒸发和气相的传质过程。随着气体空间油气浓度的恢复，混合气中油气分压增大，气体总压力逐渐升高。因此，在发油作业结束一段时间之后常常出现压力阀盘开启、呼出混合气现象，造成回逆呼出损耗。

4. 质量降低损耗

蒸发损失、混油、混入水杂或氧化变质等原因可使油品质量降低，质量不达标的油品只能降级使用或需重新加工。因此，从严格意义上，任何油品质量的降低都可能造成数量的损耗。

(三) 降低油品损耗的措施

石油储运系统损耗量分布：各种储罐蒸发损耗约 50%～80%；装车作业损耗 15%～25%；油罐清洗损耗 10%～15%；油罐脱水及其他损耗 10%～15%。在蒸发损耗中，“小呼吸”损失约占 10%，“大呼吸”损失约占 85%～90%，可见蒸发损失是石油储运损耗的主要原因。此外，油品的蒸发损失还会降低油品质量，并且引起环境污染和安全隐患。所以，在石油储运工作中，重点在于防止和降低油品蒸发损耗。

降低油品损耗的主要措施有：

(1) 健全规章制度，提高石油储运数量管理意识。

(2) 分析石油储运损耗主要原因，强化石油储运数量管理。

(3) 提高技术水平，加强设备维护保养，认真执行技术操作规程。

① 所有油罐、机泵、管线、阀门、鹤管、装油管嘴等连接部位，运转部位和静密封点部位都应连接牢固，做到严密、不渗、不漏、不跑气。

② 油罐上所有附件都应灵活好用，严密不漏。量油孔、人孔用后及时盖严。呼吸阀定压合理，做到定期检查、清洗、校验。液压安全阀密封油高度合适，不足添油，脏了及时更换。

③ 所有盛装油品的容器，包括油罐、油船、铁路罐车、油罐汽车、油桶等，设备技术状态应当完好，没有渗漏。发现问题应及时倒装处理。

④ 接卸油品，必须卸净、刮净、倒净，尽量避免容器内油品黏附或残存油过多。

⑤ 油品灌装，要做到不超高、不超量、不超压、不跑油、不溢罐。

⑥ 油罐脱水，严格看守，严防跑油。

⑦ 遵章守纪，防止并杜绝一切人为责任事故发生。

(四) 采取有效措施，降低油品蒸发损耗

1. 减少操作环节

在油品运输中往往多一次装卸就会多一次大呼吸损耗，因此应尽量减少中间环节，提倡直达运输和就炼厂、就车站码头、就车船和就油库的“四就”直拨业务。每次输转都会产生大量的损耗，应该将输转的次数减少到最低限度。油库应加强对油罐的计划管理，合理使用油罐，尽量避免不必要的倒换油罐。

2. 提倡使用浮顶罐

浮顶罐内液面上的气体空间很小，油品几乎没有蒸发，也几乎不排气，呼吸损耗也就极小。用浮顶罐储存易蒸发的油品，是降低损耗的有力措施。

3. 合理安排油罐使用

油罐尽量装满，以减少气体空间体积，尽量减少倒罐(输转)次数。资料表明，油罐装满率为 90%时，蒸发损失为 0.3%左右；油罐装满率为 70%时，蒸发损失可达 1%~1.5%。

4. 合理安排储运作业

油罐小呼吸几乎每天都要进行，可以利用大呼吸的吸气和排气冲抵小呼吸的排气和吸气。油罐发油可以安排在当温度升高，油罐要排气时进行，用发油来减少罐内升高的压力，就可少排或不排气，以减少损耗量。同样，在温度降低油罐要吸气时安排收油，就可以少吸进新鲜空气，也就可减少油品的蒸发量。即使是不可避免的大呼吸排气，也可尽量减少排气中油蒸气的浓度。油品蒸发达到饱和程度是需要一定时间的，因此可以在发油后尽快安排收油，让发油后吸进的新鲜空气中油蒸气还不多的时候被排出去，使损耗不至于太大。

5. 利用附属设备

较大的油库，可以用管线把一些承压相同、储存油品也相同的油罐的气体空间连接起来，使需要排气的油罐排出的油气通过管线进入压力降低需要吸气的油罐，以减少排出罐外的油气。有条件的油库，可以建立集气罐，收集油罐排出的气体以便再重新送回油罐，使油气完全不排向大气，杜绝呼吸损耗。油罐安装呼吸阀挡板，使油罐内部空间油气分层，呼出的气体主要是上层浓度较低的油气，从而减少了蒸发损失。资料表明，安装有呼吸阀挡板的油罐，油品蒸发损耗可减少 20%~30%。

6. 改进装车工艺

因为油温高，易挥发，流速快、压力高，油品喷溅，搅动就大，造成损耗也大。所以，应控制装车油温和流速。最好采用液下密闭装车新技术，降低装车损耗。

7. 减少热影响

适时更新罐外白漆，淋水降温，降低罐内温差变化。

降低油品损耗，另外还需建立油罐脱水污油处理和回收系统；提高计量水平，减少计量误差等。

三、油品损耗管理中的分类与计算

在油品的损耗管理上，按油品储运的作业环节将损耗分为保管损耗、运输损耗和零售损耗三大类。这种分类体现了在各储运作业项目上的损耗情况，使损耗的计算和管理比较方便。在国家标准 GB/T 11085—1989《散装液态石油产品损耗》中，对成品油的各项按作业环节分类的损耗大小作出了规定，它是进行损耗管理的依据。

1. 保管损耗

保管损耗是指油品从入库到出库整个保管过程中发生的损耗，包括储存、输转、灌桶、装、卸等损耗。

(1) 储存损耗

储存损耗是指单个油罐在不进行收发作业时，因油罐小呼吸而发生的油品损失。

储存损耗量=前次油罐计量数-本次油罐计量数

月储存损耗率=(月累计储存损耗量÷月平均储存量)×100%

公式中的月累计储存损耗量是该月内日储存损耗量的代数和；月平均储存量是该月内每天油品储存量的累计数除以该月的实际储存天数。

储存期内某一个油罐有收发作业时，该罐收发作业时间内发生的损耗不属储存损耗，这部分损耗应从储存损耗中扣除。

例 6-1　2 号油罐某月盘点累计损耗 5000kg，储油量 3000000kg 有 6 天，800000kg 有 5 天，2800000kg 有 3 天，1200000kg 有 6 天，3100000kg 有 10 天，两次输转损耗分别为 1600kg 和 1500kg，

求储存损耗率。

解：扣除输转损耗后，月累计储存损耗量为：

5000-1600-1500=1900kg

月平均储存量为：

(3000000×6+800000×5+280000×3+1200000×6+3100000×10)÷(6+5+3+16+10)

=2286667(kg)

储存损耗率为：(1900÷2286667)×100%=0.083%

(2) 输转损耗

输转损耗是指油品从某一油罐输往另一油罐时，因油罐大呼吸而产生的油品损失。

输转损耗量=付油油罐付出量-收油油罐收入量

输转损耗率=(输转损耗量÷付油油罐付出量)×100%

例6-2 两油罐间输油，1号罐付油1276402kg，2号罐收到1276286kg。求输转损耗率。

解：输转损耗率为：1276402-1276286=116(kg)

输转损耗率为：(116÷1276402)×100%=0.0091%

(3) 装、卸损耗

装、卸损耗是指油品从油罐装入铁路罐车、油船(驳)、汽车罐车等运输容器内或将油品从运输容器卸入油罐时，因油罐大呼吸及运输容器内油品挥发和黏附而产生的损失。装、卸损耗实际包括装油损耗和卸油损耗两项损耗，但它们的计算方法是一样的。

装、卸油损耗量=付油容器付出量-收油容器收入量

装、卸油损耗率=(装、卸油损耗量÷付油容量付出量)×100%

例6-3 某油罐从油船卸汽油，油船付出3409612kg，油罐收入3401798kg，损耗标准规定的损耗率为0.20%。损耗量是否超出了定额损耗？

解：根据规定的损耗率计算定额损耗，可以利用计算损耗率的公式倒过来计算。

定额损耗量为：付油容器付出量×卸油损耗率＝3409612×0.20%＝6719kg

卸油损耗量为：3409612－3401798＝7814kg

损耗量超过了定额损耗。

例 6－4 某油罐向油船装油 1839724kg，损耗标准规定了损耗率为 0.07%，求损耗量。

解：当运输容器没有容积表或无法提供装置卸量时，可以按定额计算损耗量。

损耗量为：1839725×0.07%＝1288(kg)

(4) 灌桶损耗

灌桶损耗是指灌桶过程中油品的蒸发损失。

灌桶损耗量＝油罐付出量－油桶收入量

灌桶损耗率＝(灌桶损耗量÷油罐付出量)×100%

2. 运输损耗

运输损耗是指从出发点装入车或船起至车或船到达卸货点止的运输过程中发生的损耗。

(1) 铁路罐车和公路运输损耗

运输损耗量＝起运前罐车计量数－卸前罐车计量数

运输损耗率＝(运输损耗量÷起运前罐车计量数)×100%

公式中的罐车计量数，是指用铁路罐车或油罐汽车作为计量器具交接时，直接在罐车中计量的数据。如果不是用罐车而是用储油罐等计量交接的，那么在计算时必须把定额保管损耗的有关损耗量计算进去。

如发货装车时是用储油罐或流量计计量的：

起运前罐车计量数＝油罐(或流量计)计量数－装车定额损耗量

装车定额损耗量＝油罐(划流量计)计量数×装车定额损耗率

即：起运前罐车计量数＝油罐(或流量计)计量数×(1－装车定额损耗率)

例 6－5 用铁路罐车装运一批柴油，起动前罐车计量为 208372kg，到达后罐车计量数 208150kg，标准规定的定额损耗率为0.12%，运输损耗是否超过了定额损耗？

解：运输损耗量为：209372−208150＝222kg

运输损耗率为：(222÷208372)×100%＝0.10%<0.12%

运输损耗未超过定额损耗。

例6-6 用油罐汽车装运汽油，起运前经储油罐计量装车数为9845kg，到达后经储油罐计量为9812 kg，装车定额损耗为0.08%，卸车定额损耗为0.20%。求运输损耗率。

起运前罐车计量数为：9845×(1−0.08%)＝9837kg

卸货前罐车计量为：9812×(1+0.20%)＝9832kg

运输损耗率为：9837−9832＝5kg

运输损耗率为：(5÷9837)×100%＝0.05%

在计算运输损耗时，对同一批同一种油品来说，计算公式中的罐车计量数指整批油品的总和。如果这批油品由多辆罐车分类装，则每辆罐车单独计量后，一般将计量数相加以计算运输损耗。

(2) 水上运输损耗

水上运输损耗是指油品装入油轮、油驳到达卸货点止，整个运输过程中发生的损耗。因为目前驳船准确计量仍存在一定的困难，所以水上运输在计算装卸数量时，都是以岸罐计量数为准。因此，计算水上运输损耗量也是通过油罐计量数计算的。

水上运输损耗量＝发货量−收货量

发货量＝发油罐计量数−装船定额损耗量

收货量＝收油罐收入量+卸船定额损耗量

卸货时如果是通过过驳转运入库的，则

收货量＝收油罐收入量+2×卸船定额损耗量+短途运输损耗量

短途运输损耗量指的是用里程500km以下的定额水运输损耗率乘以油罐收入量计算出来的运输损耗量。

运输损耗率＝(运输损耗量÷发货量)×100%

例6-7 用油轮装运柴油，装货时油罐计量数为3936051kg，到达后用油驳转运入库，有关收到量为3910255kg，装船定额损耗率为0.01%，卸船定额损耗率为0.05%。水运定额损耗率为0.15%，求运输损耗率。

解：发货量为：3936051×(1−0.01%)=3935657kg

收货量为：3910255×(1+2×0.05%+0.15%)=3920031kg

运输损耗量为：3935657−3920031=15326kg

运输损耗率为：(15626÷3935657)×100%=0.39%

3. 零售损耗

零售损耗是指零售商店、加油站在小批量付油过程和保管过程中发生的油品损失。

零售损耗量=月初库存量+本月入库量−本月出库量−月末库存量

零售损耗率=(当月零售损耗量÷当月付出量)×100%

四、石油损耗处理

石油损耗的处理原则是：一切损耗处理必须实事求是，有依据、有凭证、不得弄虚作假。

为了做好油品计量工作，每一个计量员都有责任关注损耗问题，掌握有关规定，在自己的职责范围之内，配合做好损耗处理工作。在这一方面，计量员一般应做好以下各项工作：

① 经过考核并获取相应级别的合格证书。

② 使用检定合格的计量器具进行油品计量，并严格按照有关计量标准和规范所规定的方法和规程进行操作和计量交接工作。

③ 在计量操作中做到认真细致，避免不必要的损耗，并应积极采取各种降低油品损耗的措施，尽量减少油品的损耗数量。

④ 完整、准确地做好各项油品计量的数据记录，及时报告油品计量和交接的情况和数据，及时填报有关单据，并按规定妥善保存必要的油样和其他有关的材料。

⑤ 发现溢耗以后，及时按照有关规定的程序和权限给予妥

善的处理，该核销的予以核销，该上报的及时上报，需要查明损耗原因的，立即对全部计量作业进行复核和检查，尽快查明原因，或协助、会同有关部门进行查找。

⑥ 需要进行索赔或理赔时，应按照有关规定及时做好理、索赔的各项准备工作，按照自己的职责，在规定的期限之内填报、寄发各种文件和资料，并按规定保持好必要的计量作业原始状态。在理、索赔过程中，根据自己的权限和责任做好各项有关的工作。

损耗处理是一项责任和技术性很强的工作，也是计量工作中一个很重要的组成部分，每个计量员都应掌握它的有关条例和方法，把这一工作做好。

第五节　油罐管理技术

一、合理使用油罐

油罐建造都有设计依据，要使用好油罐，就必须了解油罐结构、特点、性能、熟悉设计要求，然后安排油罐进油投用。如果生产需改装其他品种油料时，首先要考虑油罐承压能力是否合适，油罐附件能否满足生产要求，加热设施是否需要增减等。油罐储油应尽量装满，这样不仅有利于增加油罐储量，而且也可减少油品蒸发损失。因为油罐装不满，不仅使油罐容积利用率低，而且也加大了油罐小呼吸损失，这都是一种浪费。但是油罐也不可装油过满，以防冒罐跑油或损坏设备。这里所说的油罐合理使用，最重要的一条就是油罐既要装满，充分利用，又要不超过安全高度。

油罐安全高度(如图 6-1)的确定要考虑 3 条原则：①油品受热，温度升高体积膨胀时，油品不能从消防泡沫线或通气孔溢出跑油。②油罐一旦发生火灾，油面上的空间高度应能保证预留有一定泡沫层厚度，以利灭火。③为便于记忆，安全高度只取到cm数。

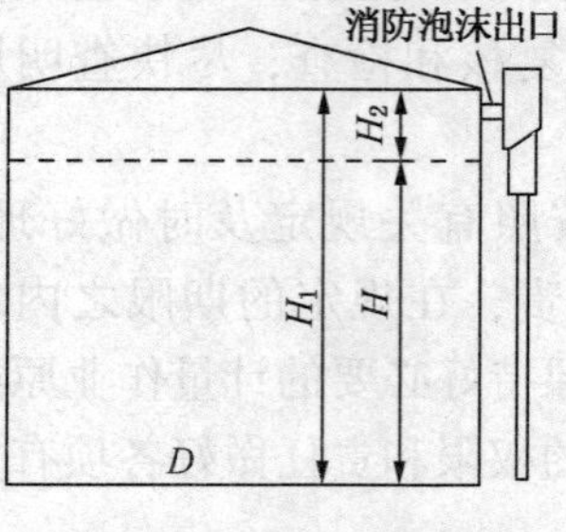

图6-1　油罐安全高度示意图

立式油罐安全高度计算公式为：

$$H=(H_1-H_2)\rho_t/\rho$$

式中　H_1——油罐总高，cm；

H_2——消防泡沫需要高度；

ρ_t——储油期间最高油温时的油品密度；

ρ——罐内收油时的油品平均密度。

二、正确操作油罐

油罐区的操作包括：收发油、检尺测温计量、油品调合、油罐加温、脱水、输转等。正确操作油罐最重要的就是必须认真遵守操作规程，严格执行各种规章制度。任何工作粗心大意或违章操作都可能造成跑油、窜油、中毒、设备损坏甚至引起火灾、爆炸事故，给人们生命和国家财产带来损失。正确操作油罐主要应做到：

① 罐区作业都应认真执行调度作业计划、工艺卡片或主管领导指令。作业操作前对收付油管线、油罐号、罐内油量、质量、油高、密度、油温、含水等情况，都应了如指掌。

② 罐区操作人员应按巡检路线、部位、内容，定时、逐点检查，检查中不忘“拨针”或“拉(顶)牌”。发现问题及时处理并做记录。开关阀门或倒换流程应认真执行“对号挂牌操作法”，防止开错阀门。换罐时应先开后关，防止跑油、憋泵事故发生。

③ 油罐收、付油前要坚持脱水检查。油罐脱水不得离人，脱完水不要忘关阀。油罐在进行脱水操作时，应本着小开—大开—小开的原则。即刚打开脱水阀时，阀的开度要小，以观察罐底的积水情况，如水量较大，再开大阀的开度(注意不要带油)。当水量渐小后，再关小阀门。油罐脱水时，操作人员要严守岗位，以免发生跑油事故。冬季，对裸露在外的脱水管和脱水阀一定要

妥善保温，以免阀门冻裂大量跑油。从油罐内脱出来的积水和污物，要及时从下水道排走，不得在地面漫流，影响罐区环境。

④ 收、付油过程要掌握好流速。进油速度太快，易产生静电且增大罐内压力；而进油慢，黏油易冻凝管线。

⑤ 油罐收、付油作业，应做到装油不超过安全高度，发油时要保持一定罐底量而不抽空。

⑥ 罐区动态油罐必须每 1~2h 检尺一次，静态油罐每班检。检尺取样后，要盖严孔盖，做到油罐严密不漏。重油加温时，做到不超温，不浪费蒸汽，特别注意检查重油罐底有无明水，防止加温高而突沸。

三、精心维护油罐

任何设备都不可能一劳永逸地长期连续运转，使用一段时间后，出现故障也在所难免，油罐也是如此。要使油罐能长期、安稳使用，平时除加强检查、做好日常保养外，还应定期、定项目、定内容进行维护和检修，把可能出现的问题想在前，处理在前，在油品生产过程中，油罐才能发挥应有的作用。

1. 做好油罐防腐工作

油罐腐蚀是影响油罐使用寿命的大问题。油罐使用久了，罐外壁会受雨、雪、霜、雾、潮湿空气以及大气中化学气体侵蚀。储存含硫油品其罐顶与内壁和油气接触，罐底和水杂接触，都会发生电化学腐蚀或氧化腐蚀，使钢板漆膜脱落，腐蚀变薄，甚至穿孔造成漏油。因此，油罐表面应定期防腐刷漆，罐壁定期测厚。原则上淋水油罐 3~4 年一次，非淋水罐 4~6 年一次。发现油罐有腐蚀穿孔和严重泄漏现象时，应及时将油料排空、清罐修补。一般渗漏可采用带压堵漏技术予以消除。

2. 油罐安全附件定期检查与维护

油罐上装设的机械呼吸阀、液压安全阀、防火器、保险活门、避雷针、接地极、消防泡沫室等属油罐安全设施。要使它们灵活好用，起到应有效果，必须做到日巡回检查，季全面检查，每年拆卸、清洗、校验一次。

机械呼吸阀用久后，阀体、阀盘会生锈，遇水杂或冬天水汽结冰，阀盘又会被卡住；液压安全阀密封油会损失，有时水杂或锈渣也会沉入油中；通风管或呼吸阀的金属丝网又常被风中携带的杂草所堵塞，甚至因鸟筑窝而不透气；有时保险活门填料函漏油，操纵机构转动失灵，活门又提不起来，使罐内油品发不出去等。因此，平时就应定期检查，每年强制保养一次。保养内容包括：外壳刷漆，螺栓涂防锈漆，设备拆卸清洗，清洗护网，阀盘研磨除锈，正负压力校验，补充密封液，更换与添加填料，转动部位加油等。

油罐的其他安全设施检查也不能放松。如油罐避雷针系统做到除锈、防腐、检查接地极和罐体连接是否牢靠，接地电阻每年需在雷雨季之前检测一次，接地电阻一般不得大于10Ω。

除此以外，还应检查油罐消防泡沫系统接口闷盖是否丢失，管内有无异物，罐顶部的泡沫混合室金属网是否腐蚀，液下氟蛋白系统阀门有无渗漏等。只要平时检查维护好，安全设施和系统完整，能真正处于备战状态，一旦着火定能发挥应有作用。

3. 油罐保温有效完好无损

油罐外壁保温层多用保温砖或岩棉制品，由于热胀冷缩再加上雨水浸蚀，负重加大，常有部分保温材料从罐壁脱落，加大了油罐热损失，使油罐保温状况不良。油罐加热器由于腐蚀或水击常引起焊口断裂而漏气，凝结水渗出混入油中会使油品变质(如柴油、润滑油)或致使重油罐加温突沸。另外，加热器表面沉积的杂质或油垢又会使传热效率降低，油温加不上去，而加大蒸汽压力和流量又会造成蒸汽浪费，能耗提高。因此，油罐外壁保温设施必须完好无损，加热器不得有损坏与泄漏，发现问题务必及时处理。

4. 油罐应定期清洗

油罐长期使用，罐底总会积存一部分水杂和锈渣等污物，特别是原油罐、油浆罐、蜡油罐、渣油罐等。罐底积存的水、油砂、胶质、沥青质、蜡、催化剂等沉积物很多，如不定期清理，将影响油品质量，减少油罐有效容积，并降低油罐加热效率，造成能源浪费。因此，油罐应定期清洗，炼油厂一般规定，轻质油罐和润滑油罐 3 年一次，原油罐 1 年一次，重油罐 2 年一次，军用油罐 1 年一次。油罐清洗标准应按有关要求进行。

油罐清洗时一定要注意安全。清洗后的油罐应经质量检查部门检查验收，合格后签字确认，封罐后及时进油。

油罐清洗的同时，一般也为油罐重新标定、油罐主要附件拆卸检查、堵漏刷漆创造了条件。

5. 其他

油罐上还有各种阀门、法兰。由于阀门开关操作比较频繁，填料之处常常发生渗漏，阀门内也常有油垢、锈渣积存，有时也会造成阀门打不开或关不严。另外，设备、管线上的法兰螺丝因锈蚀卸不下来，垫片腐蚀或损坏致使法兰漏油，这种情况时有发生。为使阀门开关灵活，严而不漏，就必须做到：螺栓紧固，防锈上油，更换填料，阀门丝杆或油杯加油，阀体防腐刷漆等。除此而外，平时阀门开关不可过度，特别是使用管钳或加力杆时，不可用力过猛，以防阀芯损坏或脱落。

进入冬季，重质油管线一定要保温、伴热良好，各排汽点疏水器要畅通好用不浪费蒸汽。油罐喷淋水线应放净存水，切断水源，防止冰坏管线或阀门。

第六节　管线使用与维修处理

一、管线的使用

1. 管线投用

① 新投用的管线或经检修与改造的管线，其流程应能满足生产工艺要求；管线上各种附件齐全；管线清洗、吹扫、试压合格，并有记录；管线防腐、保温、伴热完整并符合要求；管线、阀门

有编号，刷漆符合要求；油品流向有标志，油品名称有标记。

② 管线投用有方案。平时收付油作业按调度指令，执行过程有记录。问题未经处理，不准输油。

2. 管线使用

① 管线输油开始，初速控制在1m/s以内，最高流速不超过6m/s，汽、煤、柴等轻油管道流速不宜大于4.5m/s。

② 管线使用时，和作业计划无关的流程上其他阀门应关闭，且现场打开的阀门应对号挂牌，并和操作室(或泵房)内工艺流程操作指示图(板)上的挂牌相符，防止开关阀门有误，引起跑油、窜油事故发生。

③ 管线输油过程中，操作人员应注意机泵压力、电流和轴承温度，定时检测油罐液面，掌握油罐液面变化动态。每班至少沿管线作业流程巡检一次。发现异常情况应及时查清原因并处理。

④ 重质油品管线，收付油作业前，应先开伴热线暖线，管线预热后再开泵送油，防止油品凝管。

3. 管线停输处理

① 作业过程中如需改变流程，应本着先开后关或同步进行，而且阀门开启应缓慢不能过快，防止憋压或抽空。

② 管线输油结束，应立即关闭流程线上的阀门，输送重质油品后，要及时联系扫线。用蒸汽吹扫后，要及时放空管线内积存的冷凝水，防止冻凝管线。下次使用前，必须用油顶线排出积聚的存水，防止进入热油罐，引起突沸冒罐。不能用汽扫线的，应定时开泵打循环。

③ 高标号油品管线改输低标号油品时，管线可不作处理，但是低标号油品管线改输高标号油品时，管线必须扫线或顶线处理。

④ 管线长期停用或需动火检修，均应扫线处理。

二、管线吹扫及检修处理

1. 管线吹扫

油气管线吹扫处理时，还应坚持“五不准”，即：

① 闪点低于60℃的油品管线不准用压缩风扫线，以防油气与空气混合，形成爆炸混合物引起着火、爆炸。

② 两端固定，中间又无热补偿的管线不准用蒸汽吹扫，以免管线热胀冷缩，受力变化大损坏管线或设备。

③ 有沥青防腐层的地下管线，不准用蒸汽吹扫，以免沥青受热软化，防腐层受到破坏。

④ 无论任何介质，都不准直接往合格油罐扫线，以防产品被污染影响质量。

⑤ 用蒸汽扫线时，避免阀门开得过快或过大，以防水击损坏管路和设备。

2. 管线检修处理

油气管线检修需要动火时，管线处理应遵守以下原则：

① 用火部位本身经处理，必须已无任何可燃油品或可燃气体存在。

② 用火部位隔离措施必须可靠，确保用火过程中，绝对不能发生有任何油气串入用火部位。

③ 用火场地应无残油或其他易燃物品。

④ 带油动火作业应使油品与空气隔绝。

⑤ 不能单纯用阀门作隔离油气手段，必须辅以其他措施。

⑥ 管线处理方法应视工艺条件和环境、地点等具体情况，可采取全线处理或局部处理等不同方法，确定最优处理方案。

应根据管线输送的介质选用吹扫介质，如表6-22。

表6-22　管线扫线推荐选用介质

管内输送介质	蒸汽	空气	氮气	水
原　油	好	不能用	不用	不用
可燃气体	好	不能用	可用	可用
LPG、橡胶原料、丙烯	不用	不能用	好	可用
汽油、溶剂油等	不用	不能用	可用	好
苯类产品	不用	不能用	好	可用

续表

管内输送介质	蒸汽	空气	氮气	水
轻污油	不用	不能用	不用	好
喷气燃料	不用	不能用	可用	不能用
润滑油	不能用	好	可用	不能用
柴　油	好	不用	不用	不用
蜡　油	好	不用	不用	不能用
燃料油	好	不用	不用	不能用
沥　青	好	不用	不用	不能用
酸　碱	不用	好	不用	不能用

三、管线检查与维护

管线投用后，日常所做检查与维护主要内容有以下几点：

① 管线及其附件检查应作为岗位操作人员巡回检查的一项重要内容。储运系统的管网应配专职巡线员负责定时巡回检查。巡检中发现问题，应及时汇报并做记录。

② 管线输油开始时和作业过程中，应沿流程仔细检查各阀门开关是否正确，各法兰、弯头、焊缝、低点放空及其他附件是否完好，各处有无渗漏或跑油。

③ 检查管线保温是否完好，油漆是否脱落，管线支撑有无掉离支座或扭曲变形。

④ 新更换的阀门或装卸油鹤管、胶管必须试压合格，更换的填料、垫片其材质应符合要求，螺栓要上紧，露出的丝扣应不大于 2~3 扣。

⑤ 系统管网的Ⅰ、Ⅱ、Ⅲ类管线，特别是输送液化石油气体的，每年至少进行一次全面检查，包括测厚。液化气装车胶管应每 2~3 年试压一次。

⑥ 法兰严禁埋在地下，对废弃不用的、又与在用的线相连的管线，应及时拆除或断开，防止发生串油或跑油。

⑦ 含有油品或油气的管线或容器，在经吹扫或氮气置换后，经化验含氧量符合要求方准动火施工或进入容器作业。

⑧ 管线、容器、设备检修动火时，与其相连部位应关闭阀门并加盲板，所加盲板材质和厚度应符合要求，检修结束及时拆除。

第七节　油品泵房管理

油品泵房是油品罐区的心脏，是油品储运各种作业的动力源泉。做好油品泵房的安全管理、设备管理、操作管理，为生产需要，为产品出厂服务提高是非常重要的，搞好油品泵房管理主要应做好以下一些工作：

1. 设计合理、配备齐全

① 泵房应根据其油品性质、作业要求来布置工艺流程，并选择和设置符合安全规定的机泵、仪表。

② 泵房照明应防爆，可燃气报警仪灵敏可靠，安全阀定压合理，定期校验。

③ 泵房属易燃、易爆场所。泵房内应有良好通风设施，配齐必要的消防器材和防毒用具，设置可靠的静电接地装置。泵房内空气中空气含量不大于 $300mg/m^3$，噪声等级不大于 90dB。

④ 泵房内维修工具和润滑用具应配备齐全、摆放整齐，放置地点取用方便。严禁在泵房内堆放杂物或易燃物品。

⑤ 泵房内管线、阀门、机泵、仪表等设备，刷漆应符合规定。油品名称、介质流向和编号应标识清楚，书写规范，整齐统一。

⑥ 泵房内应挂出生产工艺流程图，设备、管线、阀门和仪表编号与实际设备编号对应。

2. 制度健全

① 泵房应有健全的规章制度，包括岗位责任制、交接班制、设备维护保养制、设备润滑制、安全生产制、定期工作制和设备

操作技术规程等。所有制度应格式统一，书写工整，挂在墙上排列整齐。

② 泵房应建立完整工作记录，包括交接班记录、设备运转记录、设备维修保养记录等。所有记录应填写及时，内容翔实，数据完整，字迹整齐，保管完好。

3. 规范操作

① 从事设备操作的人员必须做到：懂设备结构、原理、性能和作用；懂泵房内工艺流程；懂油品的基本性质；懂安全生产常识。会操作、会维护、会排除故障。经考试合格取得设备操作上岗合格证者，方准独立操作。

② 泵房操作人员上岗必须穿戴规定劳保用具。设备运转中严禁脱岗、串岗、睡岗。

③ 启动设备应严格遵守操作规程，按照调度指令和作业要求，实行对号挂牌开闭流程，保证安全、准确、正点、优质完成任务。

④ 泵房内管线、阀门、法兰、机泵、仪表等设备应紧固、严密、润滑良好，静密封点泄漏率不超过0.5%。

⑤ 泵房内部，窗明地净，管沟见底，无积水、无油垢。外部场地平整，环境清洁，无杂草，无杂物。

第八节 加油站管理

加油站是成品油营销的终端环节，是批发与零售的载体，是石油商品输转的小型集散地。因此，加油站是成品油的储存和经营场所。由于成品油具有易燃易爆、易蒸发、易产生和积聚静电、易渗漏，并具有一定的毒性，存在化学危险品泄露和火灾、爆炸的危险性，所以对加油站的设计、布置、运营都有特殊要求。

一、加油站平面布置

加油站由加油亭、营业室、宿舍楼、公共厕所、油罐区构成。

典型加油站概况：主要经营汽油、柴油、少量润滑油；油罐4个，总容量105m^3，加油机5台，油枪28个。营业室110 m^2，高度3.8m，钢筋混凝土结构，耐火等级二级；加油亭250 m^2，高度4.8m，钢筋混凝土结构，耐火等级二级；宿舍楼2层，总面积110 m^2，耐火等级二级。

在进行加油站平面布局时，既要节约用地，充分发挥土地的效益，又保证加油站各功能区内用地分配的合理性，同时保证加油站的安全性。

1. 满足安全距离要求

加油站的油罐、加油机与建筑物、构筑物、交通线等的距离一般都要按相应的加油站级别，满足与其安全距离要求（如表6-23）。

表6-23　储油罐及加油机至建、构筑物间的防火间距

储油方式		地下储油罐		地上储油罐、桶装库		加油站
储油量/m^3		<10	10~250	<10	10~250	
建筑物耐火等级	1.2级/m	8	10	16	20	15
	3级/m	10	12	20	24	15
	4.5级/m	12	15	24	30	20
铁路中心线、架空电网/m		10		20		10
地下构筑物、地下管线、电缆/m		4		4		2

加油站输油管线管沟应用砂填实，输油管线管沟与电缆沟、暖气沟应隔断。加油站卸油静电接地，应采用具有报警功能的接地装置。严禁在爆炸危险区内乱拉电线，使用非防爆电器。加油站油罐通气管口应装设阻火器，通气管的口径不应小于50mm。通气管距加油站围墙的距离不应小于3m。通气管口应高出地面至少4m，沿建筑物的墙向上敷设的通气管口，应高于顶面或屋脊1m。

加油站的站内布置，还应满足以下要求：

① 加油站的进、出口，应分开设置。

② 加油站进、出口道路的坡度，不得大于6%。

③ 当油泵房、消防器材间与站房合建时，应单独设外开门。

④ 加油站前方要开阔，无阻挡视线的障碍物，使其目标醒目，以便司机从远处就能清晰地看到加油站。

2. 营造舒畅、整洁而不乏庄重的环境

加油站内部实施的布置，除了满足安全距离要求外，还要考虑各区域之间、各设施之间足够的间距，如雨棚的檐口要增高至不低于1m，新建加油站雨棚沿口距地面高度不低于5.5m，停车道内单车道宽度不应小于3.5m，双车道宽度不应小于6m，站内的道路转弯半径按行驶汽车确定且不宜小于9m，行驶汽车槽车的转弯半径不宜小于12m，公路与出口转弯半径不小于20m等。

加油站的布置既要让顾客体会到宾至如归的感觉，又要营造出与一般商品销售商店不同的环境，油罐区等重要部位要有醒目的安全标志，加油站内要有“严禁烟火”标志和“加油站防火规定”公示牌。

所以，加油站的设置除了考虑车流量外，还需充分考虑周边环境、安全因素等。由于汽车加油基本为敞口加油，必然有油气挥发，车进车出必然存在排烟火花。因此，加油站在按要求配置防火消防安全设施的同时，应保证通风良好，必要时可采用机械强制通风，以阻止油气积聚。

二、加油站主要设备

1. 加油设备

该设备包括加油机、控制微机、油泵等设备，控制油品的输出及记录油品输出的数量、价格与金额；还包括加油IC卡系统，一种基于CPU技术的卡机联动加油系统。

加油机在各石油库、加油站、飞机场及企业内部汽车队等场所应用十分广泛，它既是供油动力设备，也是发(售)油计量器具。加油机大多用来直接给各种车辆油箱加油，少量的也可用来给大桶装油。

加油机由油泵、过滤器、消气器、流量表、计数器、防爆电机、加油枪等设备组成。

我国目前生产的加油机品种很多，结构大同小异，区别在于：输油泵有叶片泵、齿轮泵和活塞泵 3 种，采用的流量计有活塞式和腰轮式两种，计数器有机械式、电子数码显示、液晶显示和大屏幕磁翻板显示等多种，使用的油枪有普通型单油枪、双油枪及自封油枪，在加油操作上有手动、自控和电脑全自动 3 种。

电动计量加油机的工作原理通常是：泵由电机带动，将油罐中的油料吸入泵内，增压后输进油气分离器，油气被排出机外，油料进入流量计，通过转轴带动计数器工作，显示每次累计油量，经计量的油料通过输油胶管和加油枪注入机动车辆油箱或其他盛油容器。

2. 储油设备

该系统主要由油罐及其附件(包括卸油管、输油管、排气管等)组成。加油站储存油品的油罐通常埋在地下(如图 6-2)，位置在加油平台外离加油机小于 30m，油罐上方做高出地面 0.2~0.5m 的钢筋混凝土结构小平台，以阻止汽车驶过油罐上面。平台内充填沙子，人们通常能够看到的只是卸油管和排气管。

3. 电器设备

加油站设有两套供电系统，维护加油站的日常运作及停电状

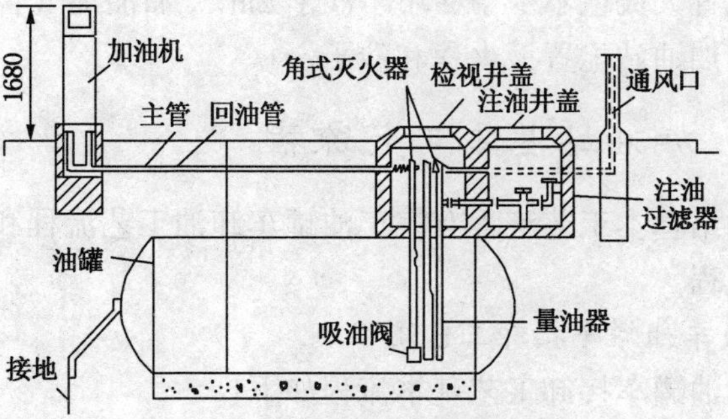

图 6-2　地下油罐及加油机示意图

态下加油站的正常运行；一是公共电网，二是柴油发电机。正常情况下由公共电网供电，公共电网一旦不能供电，应立即起动备用柴油发电机供电。

4. 防火安全设备

用于扑灭火灾的安全设备，包括泡沫、干粉灭火器、沙子、石棉毯、消防筒。

5. 防雷防静电设备

用于防雷击和静电危害的安全设备，包括避雷带、引下线、接地线、避雷器、静电接地及静电报警器。

6. 加油站消防设施

加油站内主要经营汽油、柴油等轻质油品和常用润滑油品。加油站一旦起火，它具有一般油品的火灾特性，即突发性、高热辐射性、燃烧和爆炸交替发生。

根据 GB 50156—2021《汽车加油加气加氢站技术标准》中规定，加油站消防器材的配置，应满足以下要求：

① 每 2 台加油机应配置不少于 2 具 5kg 手提式干粉灭火器，或 1 具 5kg 手提式干粉灭火器和 1 具 6L 泡沫灭火器。加油机不足 2 台应按 2 台配置。

② 地下储罐应配置 1 台不小于 35kg 推车式干粉灭火器，当两种介质储罐之间的距离超过 15m 时，应分别配置。

③ 一、二级加油站应配置灭火毯 5 块、沙子 $2m^3$；三级加油站应配置灭火毯不少于 2 块、沙子 $2m^3$。加油加气合建站应按同级别的加油站配置灭火毯和沙子。

三、加油站基本工艺流程

加油站基本工艺流程有汽车油罐车卸油工艺流程和加油机发油工艺流程。

1. 汽车油罐车接卸工艺流程

汽车油罐车接卸工艺基本流程如下：

汽车油罐车→阀门→胶管→快速接头→(阀门)→油罐

需要说明的是，销售企业早已规定汽车卸油工艺必须是密闭卸油系统，也就是说油罐车胶管与油罐卸油管道之间必须要由快速接头来实现，但是仍有一些加油站(尤其是部分新收购的企业加油站)至今还采用胶管直接连接卸油，这种工艺存在不安全因素，一旦胶管脱落与损坏，油品就会渗漏，必须改造后方可使用。

2. 加油机加油工艺流程

由于目前加油站油罐设置大多采用直埋式，故加油机加油工艺一般是负压吸入工艺。其基本工艺如下：

油罐→底阀→管道→加油机→加油枪→受油容器

然而也有一些加油站(尤其是经过改造的前站后库的加油站，或山区加油站)，由于利用地形条件，油罐底部发油管道出口位置始终高于加油机吸入口，造成加油机正压吸入工艺，这就要求在加油机吸入管口处设置一道恒流阀或减压阀，否则当压力过高且管道漏损时，后果不堪设想。当然也可采用虹吸式(负压)加油，即将管道从油罐入孔引出，但必须加设底阀。

目前还有一种潜油泵加油工艺(正压)，其基本工艺流程如下：

油罐→过滤器→潜油泵→管道→加油机→加油枪→受油容器

潜油泵卸油由于属于正压卸油工艺，可避免夏天油品气化的现象，安全性也较好。

3. 卸油操作规程

卸油是一项危险性较高的工作，若操作不当，容易引起火灾、溢油或混油事故，因此卸油时应由加油站管理人员或班长负责。

(1) 卸油油罐的准备

计量卸油油罐卸油前的油高、水高，计算收油前的油罐的净油体积；检测确认卸油罐的空容量，以防止跑、冒油事故的发生。当发现加油站油罐的安全体积不足装载应卸油品时，停止卸油程序并马上报告站长，等待处理。

（2）验货及卸油准备

卸油前，卸油人员应清理卸油现场，设置隔离带，在卸油口的上风放置灭火器材，指挥卸油车辆驶进指定的卸油位置；司机将车辆停放平稳后熄火，拉好手刹，断开电源总开关，必要时加放防滑垫木。连接静电接地线，按规定备好消防器材，将油罐车静置15min准备计量。卸油人员取桶在油罐车卸油口检验油品质量，经查看油料与配送单上油品相符，无杂质和无水后，准备接卸。如油品质量有异常，应报告站长，停止卸油程序，等待处理。

检查管口有没渗漏，上车打开油车回气孔盖，接下油管，并将阴接头和阳接头锁紧，拉动卸油管，检查连接是否牢固，将卸油管插入油罐卸油口，做到接头结合紧密，卸油管自然弯曲。检查确认油罐计量孔密封良好。开启油车阀门前再复核检查，填写“加油站卸油作业安全确认单”并经双方签字确认后方可开阀卸油。

（3）卸油

卸油期间，卸油员和司机要在现场严密监视卸油情况，禁止无关人员进入卸油区，如遇雷雨天气应马上停止卸油操作；发生溢油时，应马上关闭卸油车阀门，用沙和纯棉地拖清理现场，并扩大监控范围，严禁发动车辆和不利于安全的操作。

卸油完毕，卸油员登上罐车确认油品卸净。然后由司机先关闭油罐车阀门，拆下油车端快速接头，将这端举起，让余油自然流入储罐后，再拆下储罐快速接头，最后才解除静电接地线，移走垫木，并将卸油管口封闭，同时在罐车卸油口打上封条。清洁卸油现场，司机将空车驶离卸油区。

（4）计量

待罐内油面静止平稳后，计量卸油后的油高、水高、温度，计算收油后的净油体积，并计算油罐实收数量，与《零售资源配送单》的体积核对。

四、加油站管理

与油库一样，加油站的管理主要包括安全管理、质量管理、数量管理。由于是销售终端，其质量管理和数量管理有其特殊性。

（一）加油站安全管理

由于加油站具有建在街道旁或公路旁、开放性、有可燃性气体挥发扩散等特点，因此，加油站安全管理除应满足石油储运的安全管理要求外，要求更加严格。安全管理主要要求有：

① 按安全规范建设加油站。

② 健全安全管理制度，提高员工的安全意识和安全管理水平。

③ 防止油气聚集。

目前，我国加油站均采用敞口方式加油，加汽油时必然有油气挥发；加油的车辆进出站时，排气管可排出火星。因此，一定要保证加油站通风良好，防止油气聚集。厕所是气体容易聚集的地方，也是烟民喜欢吸烟的地方，因此，厕所应建在远离加油亭的上风处。

④ 严格控制火源，加油前通过静电消除器消除身体所带静电，严禁在加油区使用手机打电话、扫码等操作。

⑤ 加强防火、防爆、防雷、防静电设施及消防器材的维护，保持设备处于良好的技术状态。

⑥ 加强消防演练，提高员工消防能力。

（二）加油站的质量管理

油品的质量，是加油站信誉的保证，它也是加油站一项重要的管理工作。油品质量的管理水平，是反映加油站经营管理和服务质量的一个重要指标。

主要控制油品质量的措施有：

（1）保证油源可靠。

（2）规范接收油品：

① 油罐车到站后，要认真查验送货单据，检查铅封，核对

品名、数量。

② 对每车油品卸油前要抽样进行目测检验颜色、水杂，发现问题立即停止接卸，并及时向上级主管部门报告等待处理。

③ 不同规格的油品，应采取专罐专储，每个油罐和卸油管线要明显标示油品品种，严防接卸混油。因卸油失误混油，要立即停止该油罐油品的销售，确保该油罐油品得到隔离，并马上报告上级主管部门，等待处理。但汽油间的混油，可在得到进一步通知前按低规格油品销售。

（3）保证储存油品质量

① 减少蒸发损失。

② 防止油品变质。

③ 及时脱水。水高超出 50mm 或储油罐水位高度与吸油管底阀的距离小于 150mm 时，应停止售卖该油罐的油品，及时抽排罐底积水后再恢复售卖。

④ 定期清洗储油罐。储油罐清洗周期不能超过三年，每三个月至少对储油罐罐底检查一次。储油罐改装不同油品时，要清洗干净，检查合格后方能装油，并及时标示新装油品的品种。

（4）定期质检

① 按区域/市公司的季度抽检计划，在加油站油罐量油口或加油枪取样送检，质量不合格的，加油站要排查原因，对油管线、油罐体密封性、油品回罐、油罐清洁等情况进行彻查。如因混油或油罐清洁度造成的油品污染，应采取调和、清罐等措施整改。

② 单一油品储存期超过两个月的，必须取样送检，如油品质量在临界状态或油品质量变化呈下降趋势，应增加抽检频次，按每月 1~2 次抽样。如油品质量不合格，必须抽回油库处理。

（5）重视信誉

销售油品不得以次充好，掺杂销售。对于用户有关质量的投诉，要及时处理，调查原因，并立即向上级主管部门作出书面报告；用户的使用情况，加油站应及时反馈给上级部门有关人员。

（三）加油站数量管理

加油站应严格执行《计量法》《中国石化股份有限公司销售企业计量管理办法》以及《广东石油分公司计量管理办法》等法规、规章，通过严格的计量管理，不但能合理地储存油品，避免收发油的混乱，而且能及时发现如储油罐、输油管漏油，盗窃或其他原因引起的油品损失。站长必须对计量工作进行有效的管理和监控，坚持从每班、每日做起，提高加油站计量员、仓管员以及其他员工的责任心。

1. 每班油品的计量

交接班时，接班的人员应与交班的人员一起认真抄表、量罐，核实从上一班接手的存油数量；然后记录在《加油站交接班表》上，共同签名确认。所有量罐、抄表记录不得任意涂改，如确实需要涂改，则必须在原来的数字画一横线，在上边写上正确的数，由交班和接班的班长共同在涂改处盖章或签名确认。必须按规定做好当班时的试枪和发电机用油记录，并由经手人和班长签名确认。

2. 每日油品的计量

加油站计量、仓管员每天在加油站早班交接班时段，对储油罐进行一次计量，并根据油品调入、销售和油罐罐存填写《加油站油品分罐保管账》。加油站经理、站长每日对上一日的收油、油罐存油、抄表及油品库存损溢等记录进行审核。加油站当天油罐发出数与加油机走字数差额 0.3%内的视为正常；在 0.3%~0.5%范围内时，要立即分析查找原因，作出记录。当两者的差额每天同方向差异(连续损耗或溢余)连续 5 天累计大于 0.5%，或当天达到 0.1%的，加油站需立即上报区域、市公司主管部门，查明原因，停止加油机作业，并申请当地技监局对加油机进行检定。

3. 每月油品的计量

加油每月盘点按省公司统一规定盘点时间(每月月底的前一天)进行。月盘点必须由加油站经理、站长、统计员和计量、仓管员同时参加，并对盘点数据进行签字确认，盘点数据必须真实有效。有条件的区域、市公司加油站应实行交叉盘点。盘点进行油罐计量时，必须停止对应加油机的操作，以保证计量的准确性。盘点后即时填写《加油站月末盘点表》，必须将实测数与账面数进行核对，做到账表、账实相符。加油站经理、站长在盘点结束当天将盘点结果及损溢原因分析报告上报区域、市公司主管部门。区域、市公司应于次月 10 日前审批完毕。经批准后，盘点结果由加油站统计做账务处理。

五、加油站的发展方向

随着能源结构的发展变化，先后出现了液化石油气(LPG)、压缩天然气(CNG)、液化天然气(LNG)等加气站。站址选择，站内平面布置，加油工艺及设施，LPG 加气工艺及设施，CNG 加气工艺及设施，LNG 和 L-CNG 加气工艺及设施，消防设施及给排水，电气、报警和紧急切断系统，采暖通风、建(构)筑物、绿化和工程施工等详见 GB 50156—2021《汽车加油加气加氢站技术标准》。

近年来，氢燃料电池汽车得到示范性发展，截至 2021 年 8 月中国石化已在广东、浙江、广西、贵州、海南等 13 个省市建成投运 20 座加氢站，“十四五”期间在全国规划建设 1000 座加氢站或油氢合建站，欲打造中国第一氢能公司，引领我国氢能产业高质量发展。加氢站的建设及运行管理规范详见 GB 50516—2010《加氢站技术规范》(2021 年版)、GB/T 34584—2017《加氢站安全技术规范》。

截至 2020 年底，全国新能源汽车保有量达 492 万辆，占汽车总量的 1.75%。为推动新能源汽车的高质量发展，国家标准 GB/T 40032—2021《电动汽车换电安全要求》将于 2021 年 11 月 1 日起开始实施。2021 年以来，换电模式得到了政策的大力支持，两会提出要加大充换电新型基础设施的建设，换电站以新基建的概念第一次被写入政府工作报告；工业和信息化部、国家能源局也联合开展了新能源汽车换电模式应用试点工作，以促进新能源汽车换电模式创新应用。但由于换电结构和换电设备还没有统一的标准，目前换电模式还只是车企各自为战的状态，车企建设的换电站只能为自家品牌提供服务，换电模式距离普及还需要更多统一的行业标准和国家标准。

加油站、加气站、加氢站、换电站，油气合建站、油氢合建站、气氢合建站、油气氢合建站，油电合建站、油气电合建站、油氢电合建站、气氢电合建站、油气氢电合建站，在一定时期内，满足各种汽车需求的各种特色供能站、综合供能站，将会出现百花齐放的局面。

主要参考文献

[1] “十三五”时期我国石油表观消费量为何超预期[EB/OL].(2021-04-29). http://finance.sina.com.cn/jjxw/2021-04-29/doc-ikmxzfmk9600342.shtml.

[2] 中国石油储备能力达 8500 万吨[EB/OL].(2020-04-29). https://baijiahao.baidu.com/s?id=1665279137596159600&wfr=spider&for=pc.

[3] 李宏斌.我国超大型浮顶油罐的发展[J].压力容器,2006,23(5):42-44.

[4] 严大凡,张劲军. 油气储运工程[M]. 北京:中国石化出版社,2003.

[5] 郭光臣. 炼油厂油品储运[M]. 北京:中国石化出版社,1999.

[6] 竺柏康. 油品储运[M]. 北京:中国石化出版社,2013.

[7] 肖素琴. 油品计量员读本[M].3 版. 北京:中国石化出版社,2011.

[8] 程丽华,梁朝林. 石油炼制工艺学[M].2 版. 北京:中国石化出版社,2021.

[9] 曾强鑫. 油品计量基础[M].3 版. 北京:中国石化出版社,2016.

[10] 熊云,秦敏,刘晓. 加油员油品知识[M]. 北京:中国石化出版社,2012.

[11] 窦保元,李晓强,王孚智. 加油员岗位培训教程[M].2 版. 北京:中国石化出版社,2009.

[12] 田士良. 炼油厂油品储运技术与管理[M]. 北京:中国石化出版社,1995.

[13] 胡建华. 油品储运技术[M]. 北京:中国石化出版社,2011.

[14] 郭光臣,董文兰,张志廉. 油库设计与管理,青岛:中国石油大学出版社,2006.

[15] 曾多礼,邓松圣,刘玲莉. 成品油管道输送技术[M]. 北京:石油工业出版社,2002.

[16] 吴世逵,梁朝林,李大上,等. 易凝原油低温热输送的研究[J]. 油气储运,2004,23(5):13-16.

[17] 吴世逵,林培喜,安晓春,等. 罐车装运喷气燃料银片腐蚀不合格的研究[J]. 油气储运,2005,24(7):32-35.

[18] 张文长.2003 年国内外石油石化大事记[J]. 当代石油石化,2004,12(2):42-45.